Die Guerilla-Bewerbung

Svenja Hofert ist Expertin für neue Karrieren und beschäftigt sich seit vielen Jahren mit den Entwicklungen des Arbeitsmarkts und Prognosen für die Zukunft. Sie ist eine der erfolgreichsten Autorinnen zu beruflichen Themen und hat bereits zahlreiche Bestseller geschrieben. Sie betreibt ein eigenes Online-Magazin: www.svenja-hofert.de

Svenja Hofert

Die Guerilla-Bewerbung

Ungewöhnliche Strategien erfolgreicher Jobsucher

Campus Verlag
Frankfurt/New York

Überarbeitete, erweiterte und aktualisierte Neuausgabe des Titels *Bewerben ohne Bewerbung. Alternative Erfolgsstrategien in schwierigen Zeiten.*

MIX
Papier aus verantwortungsvollen Quellen
FSC® C008492

ISBN 978-3-593-39694-1

Umschlaggestaltung: total italic, Amsterdam und Berlin
Umschlagmotiv: © shutterstock
Satz: Fotosatz L. Huhn, Linsengericht
Gesetzt aus: Myriad Pro und Minion Pro
Druck und Bindung: Beltz Druckpartner, Hemsbach
Printed in Germany

Dieses Buch ist auch als E-Book erschienen.
www.campus.de

Inhalt

Liebe Leserinnen und Leser 7

Warum Guerilla-Bewerbung? 9

Die Angebotsstrategie – »Ich schlage etwas vor« 54

Die Community-Strategie – »Ich werde Teil einer Gemeinschaft« 77

Die Elfenstrategie – »Ich mache mich sichtbar« 86

Die Gesuch-Strategie – »Ich werde gefunden« 95

Die Power-Mail-Strategie – »Ich mache neugierig« 101

Die Expertenstrategie – »Mein Ruf eilt mir voraus« 107

Die Baumeister-Strategie – »Ich schaffe mir meinen Job selbst« 116

Die Headhunter-Strategie – »Hasch mich!« 125

Die Kreativstrategie – »Ich falle auf« 130

Die Freie-Mitarbeit-Strategie – »Ich bin so frei« 139

Die Netzwerkstrategie – »Ich kenne da jemanden …« 143

Die Projektstrategie – »Ich packe an« 157

Die Kettenbrief-Strategie – »Ich verursache eine Kettenreaktion« 164

Die Anti-Aging-Strategie – »Ich schaffe noch was!« 171

Die Auslandsstrategie – »Ich bin dann mal weg« 178

Die Terminstrategie – »Ich mach was klar« 186

Strategienkombinationen 193

Wie lange dauert es, bis …? 196

Zum Weiterlesen 198

Liebe Leserinnen und Leser,

suchen auch Sie nach einem Job, der nicht in einem Online-Stellenmarkt oder einer Zeitung angeboten wird? Möchten auch Sie lieber bei einem Traumarbeitgeber angestellt sein, der so beliebt ist, dass er es nicht nötig hat zu inserieren? Wollen Sie sich umorientieren und quereinsteigen? Wenn Sie eine dieser Fragen mit »Ja« beantworten können, ist dieses Buch genau richtig für Sie. Es basiert auf mehr als zwölf Jahren Erfahrung als Karriere- und Veränderungsberaterin. In dieser Zeit habe ich gemeinsam mit meinen Kunden viel gesehen, ausprobiert und erlebt. Immer habe ich etwas mehr gewagt als die Kollegen, habe etwas querer, kreativer und innovativer gedacht. Immer habe ich die Zukunft der Arbeit im Blick gehabt, weil ich selbst sah, dass sich die alte Welt der starren Karriere auflöst und wir in ein neues Zeitalter aufbrechen. In ein Zeitalter, dass jedem erlaubt, Arbeit nicht mehr nur als Brotverdienst und Karrieretreppe zu sehen, sondern als etwas, das einem Freude und Erfüllung bringt. »Das macht man nicht« ist nie mein Maßstab gewesen. Ich vertrete vielmehr die Meinung: »Alles ist erlaubt, wenn es erfolgreich ist.«

Dieses Buch ist die Weiterentwicklung meines Buches *Bewerben ohne Bewerbung*, welches vor einigen Jahren im Eichborn Verlag erschienen ist und dessen Auflage schnell vergriffen war. Zeitweise wurden die verbliebenen, oft gebrauchten Exemplare bei Amazon für das Dreifache des früheren Preises gehandelt. Ich hatte schon mit der Erstausgabe damals, 2006, einen Nerv getroffen und Aha-Effekte ausgelöst. Viele Leser kamen später als Kunden zu uns oder schrieben begeisterte Leserbriefe.

Dieses Buch beinhaltet ganz viele neue Ideen für die Bewerbung auf dem verdeckten Arbeitsmarkt, der nach vorsichtigen Schätzungen mehr als Zwei Drittel aller Stellen umfasst. Sie lesen richtig:

Zwei Drittel aller Stellen werden nie ausgeschrieben. Das sind fast 70 Prozent!

Diese Zahl steigt und wird noch weiter steigen. Durch die sozialen Netzwerke und das Internet entstehen immer öfter und immer früher Bindungen, die nicht nur privat, sondern auch für das Arbeitsleben relevant sind. Junge Leute haben 300, 400 Kontakte bei Facebook. Ein Teil davon wird in Entscheidungspositionen hineinwachsen – und sich dort an alte und neue Freunde erinnern, die täglich sichtbar sind. Das war früher ganz anders: Ehemalige Kollegen sah man in der Regel nie mehr, und irgendwann erinnerte man sich nicht einmal mehr an ihre Namen. Heute begleitet einen sein Netzwerk, auch wenn es sich verändert. Das hat unmittelbare Auswirkungen auf die Jobsuche, die jeden betreffen.

Ein weiterer Grund: In den letzten Jahren werden immer mehr Stellen über Personalvermittler und Zeitarbeitsfirmen vergeben. Das sind weit überwiegend ungeliebte und unbeliebte Stellen. Diese aber dominieren die Stellenmärkte. Die guten Jobs verschwinden gleichwohl mehr und mehr aus dem offenen Angebot. Sie gehen in den »Untergrund«.

Der Job-Untergrund ist dort, wo Stellen unter der Hand vergeben werden über Empfehlungen und Kontakte oder weil jemand sich auf eine ungewöhnliche Art und Weise ins Blickfeld geschoben hat.

Dieses Buch ist kein Buch für Kreative und Freaks. Es ist ein Buch für *alle*, die sich bewerben, Absolventen, Führungskräfte und Quereinsteiger. Freiberufler können haargenau dieselben Strategien wie Angestellte nutzen, um neue Kunden und Aufträge zu gewinnen.

Sie dürfen gespannt sein.

Ihre
Svenja Hofert

Warum Guerilla-Bewerbung?

Mein Schwager, der seit 20 Jahren in Spanien lebt, aber inzwischen zeitweise wieder in Deutschland arbeitet, hat alle seine Jobs durch Guerilla-Bewerbungen bekommen, den letzten zum Beispiel durch einen Brief an den Vorstand eines internationalen Baukonzerns. Er, der auch viele Jahre in Südamerika war, weiß natürlich auf Anhieb, dass Guerilla die Verkleinerungsform von Guerra ist, des spanischen Wortes für Krieg also. Ist Bewerben Krieg? Natürlich nicht. Die Form der Guerilla-Bewerbung, die ich Ihnen in diesem Buch vorstelle, ist absolut friedlich. Sie hat ihren Namen nur bekommen, weil in Guerilla noch etwas ganz anderes steckt als die bloße Wortbedeutung »kleiner Krieg«: nämlich die Suche nach Sinn, Identität und Heimat.

Wenn ich an Guerilla denke, fallen mir Freiheitskämpfer ein, die sich für ihre Ideale und gegen die bestehende Gesellschaft einsetzen. So sind Guerilleros oder auch Guerillas, wie man sie hierzulande meist nennt, Kämpfer gegen den jetzigen Zustand und für einen künftigen, der ein besseres Leben bietet.

Genau das ist der Grund, aus dem ich die Guerilla-Bewerbung allen empfehle,

- die genug haben von sinnentleerten Jobs,
- die nicht länger Bittsteller sein wollen,
- die nicht weiter aussortiert werden möchten, weil sie auf die ausgeschriebenen Stellen einfach nicht passen,
- die in Stellenbörsen vergeblich nach passenden Jobs suchen.

Oder auch:

- die Arbeitgeber suchen, die ihnen Sinn im Beruf bieten,
- die eine ganz neue Wende in Ihrem Berufsleben suchen,
- die sich den Traumjob aussuchen und nicht länger auf ihn warten wollen,
- die allgemein ihr Leben selbst in die Hand nehmen möchten.

Letzteres ganz im Sinne eines Lebensunternehmers, der nicht darauf wartet, bis andere ihn holen, sondern der sich selbst aktiv auf die Suche nach einer Arbeit macht, die er ausüben möchte. Auch unabhängig von seinem bisherigen Lebenslauf und den beweisbaren Qualifikationen. Jeder, der so etwas einmal auf dem normalen Stellenmarkt versucht hat, weiß, dass dies schwierig bis unmöglich ist. Denn hier kommen Sie als Guerillero nicht sehr weit, hier herrscht das Gegenteil: Anpassung, Gleichmacherei und die Suche nach möglichst exakten Übereinstimmungen.

Sie sehen: Im Kern des Wortes steckt noch viel mehr! Wenn ich an Guerilla denke, fallen mir auch die Begriffe Taktik und Strategie ein. Guerilleros wählen eine besondere Vorgehensweise, die darauf ausgelegt ist, den Gegner zu zermürben. Natürlich geht es nicht darum, dass Sie potenzielle zukünftige Arbeitgeber mürbe machen, damit sie Ihnen aus lauter Verzweiflung den Job geben. Doch das durchdachte Vorgehen, das Nicht-locker-Lassen können Sie sich von dieser Strategie abschauen. Der Guerilla-Bewerber ist nicht gewalttätig, körperlich sowieso nicht, aber auch nicht geistig oder intellektuell, und ebenfalls nicht hinterhältig. Seine Waffe ist sein Verstand, mit dem er sich einen klugen Plan ausdenkt. Im Kampf um den besten Job geht er deshalb immer fair zur Sache. Er bootet niemanden aus, er schlägt keine Schnippchen.

- Er geht einfach nur taktischer und strategischer vor.
- Er ist zielgerichteter dabei, seine beruflichen Wünsch zu realisieren.

Nennen wir den klassischen Bewerber, der brav seine Mappen per E-Mail und Post schickt, den Frontkämpfer. Vorne an der Front sind immer viele unterwegs, die Unterscheidung ist schwierig. Sein Ziel besteht darin, nicht getroffen – also aussortiert – zu werden. Das Ziel des Guerilla-Bewerbers dagegen ist es, ins Gespräch zu kommen. Vielleicht einfach, um besser entscheiden zu können, ob das ausgewählte Unternehmen zu ihm passt. Vielleicht aber auch, weil dieser spezielle Job ihm besonders wichtig ist. Oft tut sich bereits hier ein grundsätzliches Problem auf: Dass der Job zu den aktuellen Wünschen und Zielen passt, ist vielleicht nicht mit dem Lebenslauf zu belegen.

Im normalen Bewerbungs-»Kampf« würde der Guerilla-Bewerber an dieser Stelle gegen den klassischen Frontkämpfer verlieren, weil seine Noten nicht überspitzenmäßig, seine Branchenkenntnis nicht speziell und seine Berufserfahrungen etwas anders gelagert sind als das, was man in einer Anzeige verlangt. Im unmittelbaren Vergleich hat der Guerilla-Bewerber deshalb oft das Nachsehen. Deshalb begibt er sich auf Felder, auf denen er sich nicht vergleichen muss, weil er sie allein beackert.

Die Guerilla-Haltung: Friedlicher Widerstand

Guerilla-Gärtner sind Menschen, die triste Verkehrsinseln oder leere Hinterhöfe begrünen. Sie machen das, weil es ihnen Freude bereitet. Und: Weil sie überzeugt sind, etwas Sinnvolles leisten zu können. »Friedlicher Widerstand gegen Tristesse« nennt es der Bund für Umwelt und Naturschutz Deutschland (BUND) auf seiner Website. Guerilla-Gärtner kämpfen »für bunte und lebendige Oasen in der Stadt und regen so PassantInnen zum Nachdenken an.«

Wenn Sie verdeckte Stellen suchen, wollen Sie mehr als nur einen Job, eine gute und befriedigende Arbeit. Sie kämpfen für bunte und lebendige Job-Oasen und Ihre Ziele und Vorstellungen im Berufsleben. Sie machen dabei auf ungewöhnliche Weise auf sich aufmerksam.

Dazu müssen Sie das gewohnte Denken ändern. Das lautet seit Jahrzehnten: Ich warte, bis mir jemand etwas anbietet! Das ist die typische Konsumentenhaltung.

Aktiv selbst fordern? Sind wir kaum noch gewohnt! Erst die selbstbewussten Vertreter der nach 1980 Geborenen, der Generation Y, machen uns gerade vor, dass Arbeit nicht etwas ist, das einem jemand anbieten muss. Sie beginnen zu fordern. Auch wenn Sie nicht zur Generation Y gehören, können Sie sich davon etwas abgucken.

Auf dem Guerilla-Stellenmarkt nehmen Sie eine Produzentenhaltung ein. Sie bieten sich und Ihre Arbeitskraft an – der Arbeitgeber kauft sie oder nicht. Auf dem Guerilla-Arbeitsmarkt sind nur Personen unterwegs, die auf Augenhöhe ihre Arbeitskraft anbieten.

Die Wahrheit über Bewerberauswahl

Für eine Produktmanager-Stelle bei der Traditionsmarke Teekanne sollen fast 1 000 Bewerbungen eingegangen sein. Trotz demografischen Wandels (dazu gleich mehr) und obwohl das Unternehmen nicht zu den ganz großen zählt. Beim angesehenen Goethe-Institut sollen sich auf eine Stellenanzeige 4 500 Menschen beworben haben. Angesprochen waren Geisteswissenschaftler mit interkulturellen Erfahrungen in Osteuropa.

Wie viele Personalverantwortliche mit der Auswahl dieser Bewerbungen betraut waren, ist nicht bekannt. Aber ich vermute: einer. In manchen Unternehmen übernehmen Kurzzeitpraktikanten die Bewerberauswahl, in anderen überlastete Mitarbeiter.

Schauen Sie sich folgende Szene an, die mir eine meiner Kundinnen so schilderte:

Bewerberin: *»Ich habe mich vor drei Wochen beworben und noch nichts gehört. Haben Sie meine Bewerbung erhalten?«*

Personalreferentin (entnervt): »Wir haben dreihundert Bewerbungen bekommen. Sie glauben doch nicht im Ernst, dass ich mir jede einzelne anschaue.«

Bewerberin: *»Bisher habe ich das zumindest gehofft.«*

Der Zufall bestimmt deshalb häufig die Personalauswahl – oder nennen wir es: das Glück.

Auswirkungen des demografischen Wandels

Die Zahl der Menschen, die dem Arbeitsmarkt zur Verfügung stehen, in Bürokratendeutsch: Das Erwerbspersonenpotenzial wird sich laut einer Prognose des Instituts für Arbeitsmarkt- und Berufsforschung (IAB) bis 2025 vor allem aufgrund der demografischen Entwicklung allein in Westdeutschland um circa 1,5 Millionen verringern. Die Zahl der Erwerbstätigen wird gleichzeitig nur noch leicht ansteigen. Bei dieser Prognose ist bereits eine Nettozuwanderung von 100 000 Menschen pro Jahr berücksichtigt, eine Zahl, die weit über der derzeitigen Entwicklung liegt. Ebenso eingerechnet sind die Rente mit 67 und eine höhere Erwerbsbeteiligung von Frauen. Schon seit einigen Jahren beobachtet das IAB einen Rückgang der Zahl der Bewerbungen je offener Stelle, vor allem aufgrund der demografischen Entwicklung. Waren es 2005 noch durchschnittlich 29 Bewerbungen auf eine angebotene Stelle, so bemühten sich 2009 nur noch 20 Bewerber darum. Auch die Anzahl der geeigneten Bewerber sank von sieben auf fünf.

Vom demografischen Wandel ist überall die Rede. Doch die Verteilung von Jobs auf dem Arbeitsmarkt ist ungleich. Altenpfleger brauchen keine ungewöhnlichen Strategien, weil es für sie an jeder Ecke Jobs gibt. Ganz anders sieht es aus, wenn Sie Generalist sind oder ein spezielles Profil haben, besondere Kenntnisse oder quereinsteigen möchten. Das Etikett Fachkraft allein reicht nicht:

- Die richtige Fachkraft muss es sein.
- Mit den gerade passenden Kenntnissen.
- In der richtigen Region.
- Im richtigen Alter.
- Mit der richtigen Einstellung (z. B. Bereitschaft zur Zeitarbeit).
- Mit den richtigen Gehaltsvorstellungen.

Selbst Führungskräfte auf unterer und mittlerer Ebene haben es viel, viel schwerer auf dem normalen Markt der ausgeschriebenen Stellen einen Job zu finden.

Sie sehen? »Richtig« ist kaum jemand, auch wenn jeder von Ihnen, liebe Leserinnen und Leser, sich zu den Fachkräften zählen dürfte.

Oder anders ausgedrückt: *99 Prozent aller Arbeitgeber gehören nicht zu den vom Arbeitgeber gesuchten Fachkräften, weil sie nicht ganz richtig, also passend sind.*

Ich berate Kunden, die mehr als ein Jahr auf Jobsuche waren. Und zwar auch, weil sie nicht das erstbeste Angebot annehmen wollten. Ist das nicht legitim? Ich finde, ja. Wir arbeiten eben nicht mehr nur, um Geld zu verdienen, und die Zeit der Sklavenarbeit sollte in unserer Gesellschaft ebenfalls endgültig vorbei sein.

Hier tut sich ein Interessenkonflikt auf: Der Bewerber will eine gute Stelle, die seinen Wünschen und Interessen entspricht. Der Arbeitgeber will den besten Bewerber für den Job am besten für wenig Geld.

Wer ist der Beste?

Wer über »Absagen« oder »Einladen« entscheidet, tut dies manchmal nach Bauchgefühl, bisweilen unter Zeitdruck und oft nach rein formalen Kriterien. Aus Angst vor teuren Fehlentscheidungen wird hochgerüstet, was die Anforderungen betrifft:

- Gute, nein immer öfter sehr gute Noten sind selbstverständlich,
- Auslandsaufenthalte ein Muss,
- spezialisierte Kenntnisse notwendig,
- Branchenerfahrung (meist unausgesprochen) zentral.

… oder: Wer kennt wen?

Wer ist der Beste? – diese Leitlinie wird immer dann verfolgt, wenn es um Einstiegspositionen für Absolventen und Trainees geht, für die man keinen bestimmten Bewerber auf dem Schirm hat. Es ist auch für die großen Beratungsunternehmen wie Boston Consulting Group und bei großen Konzernen eine Haupt-Auswahlregel. Es gibt eine andere: Wer kennt wen? Diese spielt »Wer ist der Beste?« regelmäßig an die Wand – vor allem bei Positionen mit Berufserfahrung.

Meine Erfahrung

Ich bin Personalreferentin in einem großen Unternehmen. Wir gehören nicht zu den Traumarbeitgebern. Trotzdem gehen auf die meisten Stellen genügend Bewerbungen ein. Die Fachabteilungen wollen eine Vorauswahl von uns – in der Regel die besten fünf oder zehn Bewerber. Wir freuen uns, wenn wir gar keine Anzeigen schalten müssen, weil es schon geeignete Bewerber gibt. Das spart uns Arbeit. Neulich kam unser Vertriebsleiter mit einer Visitenkarte von einem Außendienstler einer Konkurrenzfirma, den er seit Jahren auf Fachmessen trifft. Wir haben ihn eingestellt, auch wenn seine Qualifikation streng genommen nicht unseren Anforderungen entsprach, denn wir suchten eigentlich einen Ingenieur. Doch letztendlich hat die Fachabteilung das letzte Wort.

Nicht immer ist das in unserem Sinn. So haben wir einen Leiter für unsere Marketingabteilung gesucht und hatten eine Top-Kandidatin. Der Marketingvorstand wollte die Dame aber nicht haben, weil er den Sohn eines Bekannten bevorzugte.

Heike, Personalreferentin

Sie sind nicht schuld

Cleo hatte ihre Bewerbung sechs Mal checken lassen und sechs Mal neu ausgerichtet. Dem gewünschten Job hatte sie das immer noch nicht nähergebracht. Nachdem sie gemerkt hatte, dass es an den Bewerbungsunterlagen wohl nicht liegen konnte, suchte sie die Schuld bei sich: falsche Ausbildung, überqualifiziert.

Sind Sie wie Cleo frustriert, wenn Sie eine Absage erhalten? Fragen Sie sich, woran es gelegen hat? Suchen Sie den Grund bei sich? War die Bewerbung nicht gut genug? Stimmte eine Antwort im Vorstellungsgespräch nicht? Welche Fragen auch immer quälen – das Fazit ist dasselbe: Fast alle Bewerber beziehen eine Absage nur auf sich. Kaum jemand kommt auf die Idee, dass es auch an dem Unternehmen, internen Querelen, der Änderung von Anforderungsprofilen oder schlicht an Inkompetenz und Überforderung der Personalverantwortlichen gelegen haben könnte. Die Aussage »Wir haben uns für einen anderen Bewerber entschieden, der noch besser zu uns passt« frustriert. Aber es ist ein Standard-Textbaustein mit einem Aussagewert von null.

Vielleicht war unter den Bewerbern wirklich jemand mit besseren Qualifikationen. Genauso möglich ist, dass man Ihr Können ganz einfach nicht bemerkt oder sich Ihre Unterlagen nicht mal angesehen hat.

Hören wir einmal in ein Gespräch hinein, das in der Personalabteilung eines großen Konzerns geführt wurde:

»Frau Müller, machen Sie doch bitte mal einen Entwurf für ein Absageschreiben.«

»Was soll ich denn den Bewerbern sagen?«

»Irgendetwas, das immer passt!«

»In der Personalabteilung der Bank, wo ich früher war, haben wir immer geschrieben, dass uns aufgrund der Vielzahl der Bewerbun-

gen die Auswahl sehr schwergefallen ist. Wir mussten uns leider für jemanden entscheiden, dessen Qualifikationen besser zu den spezifischen Anforderungen unseres Hauses passen.«

»Dann schreiben Sie das so.«

Gehen Sie nie davon aus, dass die Aussagen in einer Absage stimmen; meistens handelt es sich dabei um Standardbriefe. Sie werden auch dann eingesetzt, wenn hinter den Kulissen ganz andere Dinge passiert sind. So schalten viele Unternehmen beispielsweise Anzeigen, noch bevor eine Stelle genehmigt ist, einfach so für den Fall, dass … Das heißt, die Absagen beziehen sich dann auf eine Stelle, die es gar nicht gibt und in dieser Form vielleicht nie geben wird. Ich beobachte das oft bei Unternehmensberatungen und Agenturen.

Und es gibt noch mehr Absagegründe, von denen Sie als Bewerber meistens nichts erfahren: Nicht selten verändert sich die Jobbeschreibung noch während der Laufzeit der Anzeige oder aber die Stelle fällt komplett weg, weil es Umstrukturierungen gibt oder der Posten vom Chef nicht genehmigt wird. Sehr häufig sind Stellen auch längst intern besetzt und die öffentliche Ausschreibung ist nur noch Kosmetik – das kommt vorwiegend bei öffentlichen Einrichtungen vor, die gesetzlich verpflichtet sind, entsprechende Anzeigen aufzugeben.

Eine weitere Live-Schaltung:

»Suchten wir nicht jemand mit Führungserfahrung?«

»Der Bewerber Müller könnte noch einen Teilbereich aus dem Vertrieb übernehmen und Herrn Schmidt unter die Arme greifen.«

»Stimmt, das wäre ideal.«

»Aber die Anzeige enthält doch ganz andere Anforderungen!«

»Sie mit Ihren Einwänden immer! Muss man nicht so genau nehmen. Manches merkt man eben erst, wenn man es tut.«

Möglich, dass sich die Personalabteilung noch ein paar weitere Bewerber ansehen will. Aber eigentlich gibt es da schon einen Kandidaten, der sich ins Spiel gebracht hat – manchmal ist das ein Bewerber aus dem Umfeld der anderen Kollegen und oft ist es jemand, der derzeit auf einer anderen Position sitzt und wartet. Trauen Sie nicht jeder Anzeige. Aus vielen Inseraten werden niemals Jobs! Auch bei manchen kleineren Beratungsfirmen und Agenturen schmücken Inserate öfter mal nur die Website für den Fall, dass die Konkurrenz vorbeischaut, die mit dem personellen Wachstum beeindruckt werden soll. Andere fischen mit Daueranzeigen nach optimalen Bewerbern, die es so nicht gibt. Motto: Schalten wir mal eine Anzeige auf der Website, nur für den Fall ... Schließlich ist demografischer Wandel, und da muss man einfangen, was beim Surfen im Internet (vorbei-)kommt, es könnte ja ein »Wunderkind« darunter sein.

Wie Sie dieses Wissen nutzen können

Verlassen Sie sich nicht auf Inserate. Nehmen Sie nicht jedes Stellenangebot für bare Münze. Und lassen Sie sich schon gar nicht davon irritieren, dass Sie von manchen Firmen kaum oder gar keine Stelleninserate finden. Das sagt nämlich genauso wenig aus wie die ausgeschriebene Stelle: Es kann sein, dass es Stellen gibt, obwohl das nirgendwo steht. Wie es auch sein kann, dass es keine Stellen gibt, obwohl welche ausgeschrieben sind.

Wenn Firmen sich verändern

Wenn Firmen sich verändern, verändern sie sich oft auch personell. Neue Bereiche werden geschaffen und alte abgebaut. Firmen stellen ein, wenn sie den ursprünglichen Bereich erweitern und neue Gebiete erschließen. Der Aufbruch in neue Geschäftsfelder erfordert den Aufbau neuer Kompetenzen und die Einstellung neuen Personals. Ein Unternehmen startet mit pflegender Kosmetik im Naturbereich, entdeckt dann aber auch den Bereich dekorativer Kosmetik. Oder eine Institution hat sich anfangs auf die Beratung von Existenzgründern konzentriert, um nach einigen Jahren am Markt auch größere Unternehmen in Personalfragen zu beraten.

Wie Sie dieses Wissen nutzen können

Verfolgen Sie die Wirtschaftsnachrichten, etwa in den überregionalen Tages- und Wochenzeitungen oder Wirtschaftszeitungen wie dem *Handelsblatt* oder der *Financial Times Deutschland*. Ad-hoc-Nachrichten von Aktiengesellschaften sind ebenfalls eine wahre Fundgrube; das sind Meldungen mit kursrelevantem Nachrichtenwert. So eine Nachricht kann zum Beispiel beinhalten, dass sich ein Unternehmen von einer Sparte trennt oder diese an ein anderes Unternehmen verkauft. Ein Beispiel: Bei der Fusion zweier Banken ist absehbar, dass verschiedene IT-Projekte aufgesetzt werden und das Thema Change Management eine hohe Relevanz bekommt. Wer sich das ausrechnet, bevor Stelle oder Projekte ausgeschrieben werden, kann zur richtigen Stelle am gewünschten Ort sein.

Die Strategie ändert sich

»Die Marke XY soll jünger werden«, verkündet die Marketingleiterin eines Seifenherstellers. Was kann das für den Stellenmarkt bedeuten? Vielleicht wird der bisher vernachlässigte Bereich Social Media gepusht. Möglich, dass mehr Freelancer engagiert werden.

Oder: Bisher wurde wenig in Forschung und Entwicklung (F&E) investiert. Das soll sich ändern, verkündet der Vorstand. Vollkommen logisch, dass dies unmittelbare Konsequenzen für das Personal hat – in F&E muss aufgestockt werden. Vielleicht ist auch ein Experte für die Vermarktung von Patenten gefragt. Stellen Sie sich vor, ein Unternehmen produziert angeblich gesunde Joghurts, die in einem Test ernährungswissenschaftlich so schlecht abgeschnitten haben, dass Maßnahmen erforderlich sind, um die Rezeptur zu ändern. Zusätzlich wäre eine begleitende Kommunikationskampagne nicht schlecht.

Auch Unternehmen, die Fehler machen, sind interessant, denn meist sollen diese nicht wiederholt werden. Fehler sind bei allen neuen Themenfeldern an der Tagesordnung. Nehmen wir beispielsweise das Social Media Marketing. Firmen engagieren, wenn sie hier erste Stellen schaffen, in aller Regel einen jungen Mitarbeiter, der wenig kostet. Sie stellen dann bald fest, dass dieser allerdings noch nicht so viel leisten kann wie ein alter Hase. Also stellt man in der zweiten Phase jemanden ein, der professioneller ist und bereits mehr Kenntnisse mitbringt. Gut, dass Sie so schlau sind, das zu wissen, und in den Startlöchern stehen, um sich bei Ihrer Wunschfirma vorzustellen. Sie sehen ja: In dem Themenfeld, das Sie abdecken, sind die Leistungen einfach noch zu bescheiden …

Strategieänderungen ziehen noch weitere Konsequenzen nach sich. Ein Unternehmen ist mit Dienstleistungen rund um die EDV gestartet, möchte sich dann aber auf das Projektgeschäft für Konzerne konzentrieren. Damit verändern sich die Anforderungen an die Mitarbeiter. Genügten beispielsweise vorher allgemeine PC-Kenntnisse und Erfahrungen in Windows-Administration, wird nun sehr viel umfassenderes Know-how und Erfahrung im Projektmanagement gefordert. Es ist wahrscheinlich nicht möglich, alle Mitarbeiter so zu qualifizieren, dass sie die Aufgaben erfüllen können. Also ist eine Bewerbung von einem Externen, der exakt die gefragten Fähigkeiten und das Wissen mitbringt, das den Wandel ermöglicht, mit Sicherheit gern gesehen.

Wie Sie dieses Wissen nutzen können

Beobachten Sie Unternehmen, die auffällig in der Kritik stehen. Wenn der Kurswechsel nicht unmittelbar erfolgt, so doch fast immer nach einem gewissen Zeitraum. Schließlich möchte jeder überleben und Gewinne machen. Und alles, was das verhindert, muss abgestellt werden.

Ein Führungswechsel steht an

Manche Führungskräfte nehmen ihre ganze Mannschaft mit, wenn sie einen Job aufgeben. Das ist zum Beispiel in der Werbebranche absolut üblich, und nicht selten wechseln komplette Abteilungen von einer Agentur zur anderen. Manchmal bringen die neuen Chefs ihre »Spezis« auch mit oder holen sie nach – ein Prozess, der sich oft über Monate und Jahre hinzieht. Der Grund dafür liegt auf der Hand: Führungskräfte profitieren von loyalen Mitarbeitern. Wer seinen Vorgesetzten seit langem kennt und schätzt, macht weniger »Zicken« und trägt Entscheidungen leichter mit. Alteingesessene Mitarbeiter, denen ein neuer Chef vorgesetzt wird, sind dagegen oft widerspenstig, beobachten die Entwicklung kritisch und sträuben sich gegen Neues. Bei Übernahmen und Umstrukturierungen geschieht es häufig, dass die Mitarbeiter und Chefs zunächst gehalten werden, um Informationen weiterzugeben und die neuen Mitarbeiter damit handlungsfähig zu machen. Später wird die alte Führungsriege nach und nach ausgetauscht.

Wie Sie dieses Wissen nutzen können

Viele sagen, es lohne sich nicht, sich zu bewerben, wenn sich ein Unternehmen gerade neu aufstellt. Aber es kann durchaus sein, dass auf der einen Seite 700 Stellen abgebaut und auf der anderen 500 geschaffen werden. Das nennt sich dann Erneuerung oder Verjüngung.

Versuchen Sie, im Laufe Ihres Joblebens ein Netzwerk aufzubauen und Mentoren zu finden, die Sie auf Positionen nachholen. Werden Sie aktiv, wenn Sie Wind davon bekommen, dass ein Führungswechsel stattfindet. Nicht jeder »Neue« hat gleich eine ganze Riege, die sofort mit ihm geht – und dann freut er sich vielleicht gerade über neue Bewerber. Denn auch ein neuer Mitarbeiter ist zunächst ein treuer Mitarbeiter, während alteingesessenes Personal tendenziell gern an Bewährtem festhält.

Einführung neuer Systeme

Das Unternehmen, das auf SAP umstellt, oder die Firma, die ein neues Managementsystem für die Kundenzufriedenheit einführt: Beide verändern sich und haben plötzlich neue Anforderungen an Mitarbeiterkompetenzen. Schulungen allein reichen häufig nicht aus, oft ist auch praktische direkte Erfahrung gefragt. Bringen Sie diese mit, haben Sie einen Vorteil, den es zu nutzen gilt. Ein weiteres Argument: Fast jede Abteilung steht Veränderungen, zum Beispiel technischen Neuheiten, zunächst ablehnend gegenuber. Das liegt daran, dass sich im Laufe der Jahre Gewohnheiten einschleichen, die niemand gerne aufgibt. Deshalb schreiben immer mehr Unternehmen den Willen und die Bereitschaft zur Veränderung schon in den Arbeitsvertrag. Wenn Sie dieses Veränderungsengagement von vornherein mitbringen, besitzen Sie einen weiteren, direkt nutzbaren Vorteil, wenn das Unternehmen neue, weniger festgefahrene Mitarbeiter sucht.

Wie Sie dieses Wissen nutzen können

Wenn Sie erfahren, dass eine neue Technik/ein neues System eingeführt wird und es unter den Mitarbeitern viele Widerstände dagegen gibt, sind diese normalerweise auch von Kündigungen begleitet. Die Unruhe der Veränderung kann für Sie eine Chance sein.

Krankheit und Schwangerschaft

Es wird immer seltener, aber nach wie vor kehren viele Frauen nach der Elternzeit nicht in ihren Beruf zurück, oder zumindest nicht in Vollzeit. Das gilt umso mehr außerhalb der Großstädte, wo Vollzeit-Angestelltenverhältnisse für Mütter nach wie vor die Ausnahme sind. Deshalb bieten Schwangerschaftsvertretungen oft auch die Chance, den Job langfristig auszufüllen. Hinzu kommt: Einen guten

Mitarbeiter, der sich in ein bis drei Jahren bewährt hat, wird kein Unternehmen so ohne weiteres wieder ziehen lassen.

Wie Sie dieses Wissen nutzen können

Bis die Stelle einer Schwangeren ausgeschrieben wird, vergehen meist viele Monate. Das vorübergehende Ausscheiden zeichnet sich aber schon viel früher ab. Wenn Sie eine Chance für sich sehen, gibt es zwei erfolgversprechende Wege: Sie verbünden sich mit der Ausscheidenden, die Sie als Vertretung empfiehlt. In diesem Fall müssen Sie oft viele Ängste aus dem Weg räumen, denn sehr wahrscheinlich möchte die Mitarbeiterin nicht, dass ihr Nachfolger sich als zu guter Ersatz herausstellt. Oder, das ist der zweite und direktere Weg, Sie suchen den Kontakt zum Abteilungsleiter und bieten sich frühzeitig als Nachfolger an.

Der lange Weg, bis Stellen offiziell werden

Stellen sind nicht »einfach so« da. Gerade neue Positionen entstehen in der Regel langsam. Dieser Prozess gliedert sich dabei in mehrere Phasen.

Phase 1: Bedarf entsteht

Erinnern Sie sich, was aus Ihrem letzten Job geworden ist? Wann haben Sie gekündigt? Wie vollzog sich die Suche nach einem Nachfolger? Kündigt ein Mitarbeiter, so schaut man sich wahrscheinlich erst einmal im eigenen Hause nach einem Nachfolger um, bittet vielleicht auch die Kollegen um Mithilfe. Wenn sich auf diesem Weg gar nichts ergibt, wendet man sich mit einer Stellenanzeige an die Öffentlichkeit. Eine ganz neue Stelle entwickelt sich häufig über

Monate hinweg. Eine demnächst frei werdende Stelle wird meist auch nicht unmittelbar besetzt, sobald klar ist, dass die Vakanz entsteht. Das ist der ideale Zeitraum für Initiativbewerbungen von außen. Ganz sicher ist die Personalabteilung zu diesem Zeitpunkt noch nicht involviert. »Ja, es könnte sein, dass wir demnächst jemand brauchen. Aber im Moment ist keine Position zu besetzen« – so oder ähnlich mögen Verantwortliche sich äußern, wenn noch wenig klar und alles möglich ist. Das kann sich ganz schnell ändern. Sorgen Sie dafür, dass man sich dann in Ihrem Traumunternehmen an Sie erinnert – mit einer bemerkenswerten Bewerbung und von Zeit zu Zeit einem kleinen Reminder.

Phase 2: Bedarf wird erkannt

Es wird eng. Es geht nicht mehr ohne neue Mitarbeiter. Die Pläne zum Umbau sind beispielsweise ohne einen Angestellten mit Kenntnissen im Bereich Geschäftsprozessmanagement nicht realisierbar. Da der Bedarf in der Regel in einer Fachabteilung entsteht, engagiert diese sich auch dafür, dass die Stelle genehmigt wird. Dafür zuständig sind die nächsthöheren Vorgesetzten. Auch jetzt ist meist noch kein Personaler an Bord. Agieren Sie wie in Phase 1. Es kann sein, dass Sie bereits jetzt zu Gesprächen eingeladen werden. Nutzen Sie diese zum gegenseitigen Kennenlernen. Oft haben diese Treffen (noch) nicht den Charakter eines offiziellen Vorstellungsgesprächs.

Phase 3: Ein Stellenprofil bildet sich heraus

Welche Anforderungen muss der neue Mitarbeiter mitbringen? Mit dieser Frage beschäftigt sich die Fachabteilung, wenn klar ist, dass es einen neuen Mitarbeiter geben wird. Anforderungen werden besprochen und fixiert. Es ist sehr wahrscheinlich, dass sich in dieser Phase noch viel ändert und die erste Vorstellung davon, was der Neue mitbringen soll, mehrmals überarbeitet wird. Für Sie heißt das: Gehören Sie zu diesem Zeitpunkt zum Kreis derjenigen, die für die Stelle möglicherweise infrage kommen, können Sie das Anforderungsprofil aktiv mitgestalten, etwa indem Sie eigene Vorschläge einbringen. Gelingt Ihnen das, ist Ihnen der Job schon fast sicher.

Phase 4: Stellenbedarf wird formuliert

Die ausgearbeiteten Anforderungen werden nun an die Personalabteilung weitergegeben oder von einer anderen Stelle – zum Beispiel einer Werbeagentur (!) – formuliert. Standardaussagen zum Unternehmen und zu den gewünschten »Soft Skills« kommen hinzu. Für Sie heißt das: Wenn Sie im Bewusstsein der Entscheider präsent sind, bevor die Anzeige herausgegeben wird, könnten Sie die Schaltung überflüssig machen. Denn wer gibt schon gerne Geld für Stellenanzeigen und Headhunter aus, wenn es nicht nötig ist?

Phase 5: Der Chef oder der Betriebsrat genehmigen die Stelle

Dass die Chefs »Ja« gesagt haben, heißt noch nicht, dass es keinerlei Hürden mehr gibt. Auch der Betriebsrat muss zustimmen, wenn es um die Schaffung neuer Stellen geht. In der Regel wird dieser nicht intervenieren – es sei denn, es gibt genügend interne Mitarbeiter, die in neue Positionen versetzt werden können. Das ist in der Regel jedoch nur dann der Fall, wenn in anderen Teilen des Unternehmens ein großer Personalabbau geplant ist oder stattgefunden hat. Für Sie bedeutet das: Wiegen Sie sich nicht zu früh in Sicherheit. Verlassen Sie sich nicht auf eine »versprochene« Stelle. Gehen Sie freundlich mit dem Betriebsrat um.

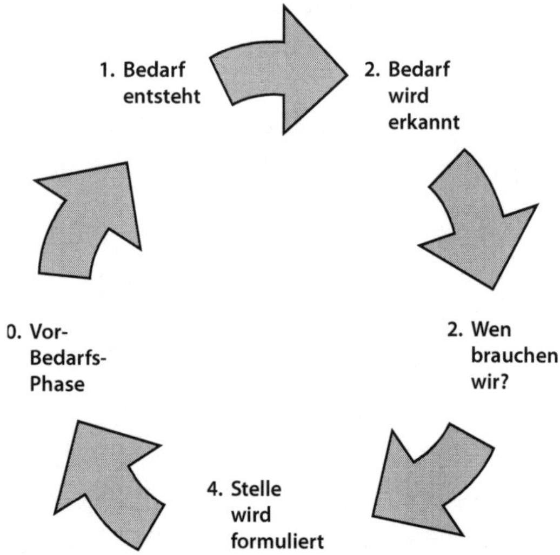

Warum Sie spätestens in Phase 3 im Gespräch sein sollten

Es liegt auf der Hand: Je früher Sie als potenzieller Mitarbeiter im Spiel sind, desto besser stehen Ihre Jobchancen. Wenn Sie einige Gespräche geführt und zum »Vertrauten« geworden sind, haben es andere Kandidaten schwerer. Allerdings bedeutet das für Sie viel Arbeit. Sie brauchen gute Nerven und ein gesundes Selbstbewusstsein. Einmalige Anrufe bei einem Unternehmen nutzen nichts, Sie müssen dauerhaft Präsenz zeigen, jedoch ohne aufdringlich zu sein. Mir sind mehrere Fälle bekannt, in denen Guerilla-Bewerber vier- bis sechsmal zu Gesprächen – teilweise mit verschiedenen Personen – eingeladen worden sind, bevor ein Arbeitsvertrag auf den Tisch kam. Das schaffen Sie nur mit Ruhe und stetem Interesse an diesem Unternehmen – und mit der Einstellung: »Es wäre schön und mir wichtig, wenn es klappt. Ich konzentriere mich aber nicht nur auf diese Chance, sondern suche weiter nach attraktiven Jobs.«

Die meisten Jobs entstehen bis Phase 3, ohne dass sie jemals in einer Zeitung oder einer Stellenbörse auftauchen. Sie werden »einfach so« an einen passenden Bewerber vergeben, der schon im Bewusstsein der Entscheider war, als der Bedarf akut wurde. Es kann sich um einen Initiativbewerber handeln, um einen Bekannten der Sekretärin, um den Kollegen von der Konkurrenz (der auf der Messe einfach mal nachgefragt hat ...) oder auch um jemanden, der sich kürzlich in einem Projekt engagiert hat. Andere Jobs landen später in einem Stellenmarkt oder zumindest am schwarzen Brett. Behörden sind gesetzlich verpflichtet, Stellenangebote auszuschreiben. Konzerne, die tariflich gebunden sind, verpflichten sich gegenüber dem Betriebsrat häufig selbst, offene Stellen zumindest am schwarzen Brett oder im Internet bekanntzumachen. Allerdings ist es gut möglich, dass diese Stellen zum Zeitpunkt der Veröffentlichung schon (fast) vergeben sind – und dass Bewerber sich mit ihren Unterlagen umsonst bemühen. Denn es gibt ja noch jene Bewerber, die in den Phasen 1 bis 3 schon Präsenz gezeigt haben ...

Die Phase 0

Viele meiner Kunden haben es schon in Phase 0 geschafft, sich einen Job zu sichern, also lange bevor der Bedarf erkannt worden ist. Wie ist das möglich? Grund war immer, dass das Unternehmen einen begabten Bewerber mit speziellem Wissen nicht ziehen lassen wollte. Lieber hat man eine Stelle geschaffen, die dessen Persönlichkeit und Fähigkeiten entsprach. Möglich ist auch, dass der Bewerber Qualifikationen für ein Thema mitbrachte, welches vor seiner Bewerbung noch nicht als drängend gesehen wurde. Im persönlichen Gespräch aber hat sich ein Bedarf nach genau diesem Bewerber herauskristallisiert.

Ich kenne viele solche Beispiele, und ja, sie stammen aus dem Bereich höherqualifizierter Bewerber, aber durchaus nicht nur der Top-

Absolventen. Vielmehr war es die Persönlichkeit, die überzeugte, die authentische Art oder ein bestimmter fachlicher Berührungspunkt. Bei dem einen waren es die Polnisch-Kenntnisse, die Türen in einen ganz anderen Bereich öffneten, bei einem anderen eine Präsentation, die die Geschäftsführung zwar nicht von der Eignung für *diese* Stelle überzeugte, aber von dem Menschen.

Der verdeckte Stellenmarkt

Wie Sie anhand der von mir gerade vorgestellten fünf Phasen sehen können: Der größte Teil der offenen Stellen wird nie ausgeschrieben, weil schon in den Phasen 1 und 2 – erfolgreich – nach geeigneten Bewerbern gesucht wird.

Wenn Sie eine Guerilla-Strategie für die Jobsuche nutzen wollen, sollten Sie in diesen Phasen präsent sein. Schauen Sie sich dazu auch die zweite Grafik an.

In der Abbildung sehen Sie den Kreislauf, der immer wieder bei der Frage »Wer wäre geeignet?« beginnt – und zwar vor wie nach einer Ausschreibung oder auf ein internes Stellenangebot. Ob sich

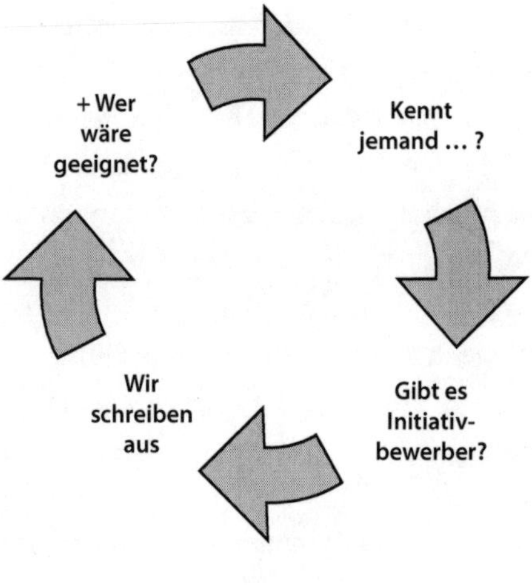

jemand unter den Mitarbeitern befindet, den man kennt, ist entscheidend. Denn diese Person lässt sich schon vorab einschätzen, ein fremder Bewerber nicht.

An dieser Stelle müssen wir gedanklich einen Schritt zurückgehen. Wenn Sie sich auf dem verdeckten Stellenmarkt bewerben, weil Sie Ihr Traumunternehmen finden möchten, dann bleibt Ihnen zunächst nichts anderes übrig, als nach diesem zu suchen. Klingt lapidar, ist aber so. Arbeitgeberportale wie Kununu.com geben Anhaltspunkte, wo sich Arbeit besonders gut anfühlt. Meine Erfahrung: Es sind oft die Unternehmen, über die man wenig spricht und die kaum in der Presse auftauchen. Denn in den letzten Jahren haben sich zwei Regeln als zutreffend herausgestellt:

- Offizielle Stelleninserate schalten vor allem die, die es nötig haben, weil es bei ihnen eine hohe Fluktuation gibt.
- Offizielle Stelleninserate gibt es vor allem für Spezialistenjobs, die schwer zu besetzen sind.

Fast die Hälfte der Stellen in Online-Jobportalen wird zudem inzwischen von Personalberatern, Zeitarbeitsunternehmen oder im Rahmen der sogenannten Arbeitnehmerüberlassung geschaltet. Mit anderen Worten: Man weiß nicht, welches Unternehmen sich dahinter verbirgt. Und Zeitarbeit sowie erst recht Arbeitnehmerüberlassung gilt nun sehr wenigen als Traumjob, sondern stellt so gut wie immer eine Notlösung dar.

Wie Sie den Traumarbeitgeber mithilfe des Internets finden

Sie haben dieses Buch gekauft, weil es Sie reizt, anders an das Thema heranzugehen. Sie wollen nicht irgendeinen Job, sondern einen guten. Im ersten Schritt müssen Sie nun herausfinden, wo Sie sich überhaupt bewerben sollen. Oft werde ich gefragt, wie man denn herausfinden kann, ob ein Unternehmen ein guter Arbeitgeber ist oder nicht. Dazu hat sich eine einfache Vorgehensweise bewährt:

1. Halten Sie die Ohren im Bekanntenkreis offen. Notieren Sie sich »gute« Namen und »schlechte«. Ich persönlich führe – selbstverständlich diskret und nicht öffentlich – eine rote (Vorsicht!) und eine grüne (alles klar!) Liste von Unternehmen in Hamburg und bundesweit, in denen ich Interna notiere, die ich von meinen Kunden erfahre, bis hin zu Namen von besonders schlechten oder besonders guten Führungskräften. Meine Erfahrung sagt mir: Eine Stimme mag eine Ausnahme sein, mehrere, zumal aus einer Abteilung, sind es sicher nicht mehr.

2. Recherchieren Sie auf einem Arbeitgeberbewertungsportal wie Kununu.com. Betrachten Sie die Bewertungen mit der nötigen Distanz: Wenn auf ein kleines Unternehmen auffällig viele Hohelieder gesungen werden, die zudem in einem relativ kurzen Zeitraum abgegeben worden sind, könnte der Geschäftsführer oder ein Abteilungsleiter dahinterstecken. Ich habe schon gehört, dass es Firmen gibt, die Ihre Mitarbeiter mehr oder weniger offen darum bitten, hier Sterne zu verteilen. Bei größeren Unternehmen ist eine eher mittlere Bewertung typisch. Selbst die Audi AG, aus der man eher selten interne Klagen hört, ist mittel bewertet. Und sogar der hochgelobte dm Drogeriemarkt schneidet unterm Strich nur mittel ab. Eindeutiger ist das Bild oft bei kleineren Unternehmen. Die Agentur Sitegeist ist mir aus verschiedenen Quellen als mitarbeiterfreundlich und offen bekannt. Dies spiegelt sich klar in den Bewertungen, wie Sie auf dem Screenshot unter dem Fallbeispiel erkennen können. Ergänzend sei angemerkt, dass sich diese positive Bewertungstendenz über mehrere Jahre hinzieht, also offensichtlich nicht »erbeten« ist.

3. Recherchieren Sie bei Xing oder LinkedIn. Eine fantastische Informationsquelle ist »Funktion jetzt« bzw. »Funktion zuvor«. Hier können Sie sehen, wie lange Mitarbeiter eine Funktion bekleidet haben, und gegebenenfalls eine hohe Fluktuation erkennen. Geben Sie einfach »Firma jetzt« ein und »Firma zuvor«. Natürlich ist es normal, dass Mitarbeiter Unternehmen verlassen, jedoch

ist es auffällig, wenn viele Mitarbeiter nur kurz geblieben sind. Erst recht gilt das, wenn die folgende Position sehr stabil ist, es sich also nicht um einen extremen Wechseltypen handelt. Auch mit »Position jetzt« und »Position zuvor« lässt sich gut arbeiten. Darüber können Sie ermitteln, wie leicht beispielsweise ein Wechsel innerhalb des Unternehmens war oder welche Positionen es überhaupt gibt.

4. Suchen Sie unter Ihren Kontakten nach Personen mit Beziehungen zu dem jeweiligen Unternehmen. Fragen Sie, ob sie etwas zu der Firma sagen können und vielleicht sogar auch wissen, ob derzeit Mitarbeiter gesucht werden. Wenn Sie keinen direkten Draht haben, sprechen Sie ein Xing-Mitglied an, das sehr aktiv scheint (Premium-Profil, Aktivitätsindex, Zahl der Kontakte).

Sarah, eine Innendienstmitarbeiterin, sucht einen neuen Arbeitgeber. Vor allem Wert legt sie auf ein nettes Team. Sie bekommt ein Angebot von einem Unternehmen, bei dem sie stark zögert. Das Hamburger Unternehmen mit vier Buchstaben ist zwar dafür bekannt, sehr gute Gehälter zu zahlen, aber auch dafür, eine besonders schlechte Arbeitsatmosphäre zu haben. Mitarbeiter werden auf Vorrat eingestellt, weil die Fluktuation hoch ist. (In den letzten zwölf Jahren hatte ich immer wieder Kunden aus diesem Unternehmen. Nun liegt es in der Natur meines eigenen Unternehmens, dass Menschen Kontakt zu mir suchen, wenn sie sich neu orientieren möchten.

Trotzdem kann dies auch mit einem positiven Rückblick und Dankbarkeit für den jetzigen Arbeitgeber erfolgen. Ich habe die Erfahrung gemacht, dass die allermeisten Mitarbeiter fair reagieren, selbst wenn sie gekündigt worden sind. Bei diesem Unternehmen ist das regelmäßig nicht so. Bei Kununu.com spiegelt sich das in 2,58 Punkten von 5. Ein Betroffener schreibt: »Leider werden die Mitarbeiter in vielen Bereichen nicht gefördert. Eigene Ideen sind nicht erwünscht. Sattes Führungspersonal, teilweise überaltert.«) Auf der Website des Unternehmens finden sich zahlreiche offene Stellen. Auffällig: Es sind wenige Spezialistenstellen darunter. Bei »guten« Unternehmen finden sich oft gar keine, und wenn überhaupt eher spezialisierte Jobs.

Sarah lehnte das Jobangebot ab. Stattdessen begab sie sich auf dem verdeckten Stellenmarkt auf die Suche. Dazu suchte sie gezielt nach dem gerade vorgestellten Vier-Schritte-System Unternehmen aus und schrieb etwa 25 von ihnen an. Darauf erfolgten fünf Einladungen, überwiegend direkt von der Geschäftsführung. Nach zwei Monaten entschied sich Sarah für eine kleinere Firma, unterschrieb den Arbeitsvertrag und hat es bis heute nicht bereut.

Zusammenfassung sitegeist media solutions GmbH Bewertungen

15 Bewertungen

mangelhaft – sehr gut

Arbeitgeberbewertung: (4,50)

Bewertungsstatistik

Arbeitgeberbewertungen	15
Mitarbeiter Kommentare	12
Verbesserungsvorschäge	12
Bewertungsbewertungen	-
Bewerber Kommentare	-
Bewertungsfragen	-
Ausbildungsbewertungen	
Azubi Kommentare	-
Verbesserungsvorschläge	-

sitegeist media solutions GmbH bietet folgende Benefits für Mitarbeiter:

Die Bewerbung haben sich bereits **3817 Personen** angesehen.

Die Firma *Sitegeist* bei kununu.com

Wie Sie offline nach Perlen suchen

Der verdeckte Stellenmarkt ist nicht auf das Internet beschränkt, es gibt ihn natürlich auch »offline« – man muss ihn allerdings wahrnehmen. Konkret heißt das für Sie: Halten Sie bei wirklich jeder Gelegenheit die Ohren offen, hören Sie hin, sehen Sie hin, lesen Sie zwischen den Zeilen. Werden Sie auf der anderen Seite selbst aktiv. Nur wenn Nachbarn, Bekannte und andere Menschen, mit denen Sie zu tun haben, wissen, dass Sie einen neuen Job suchen und in welchem Bereich, können sie Ihnen Tipps geben oder sogar konkrete Hinweise auf neue Stellen.

Die Phase der Jobsuche sollte also kein Geheimnis sein – zumindest im privaten Umfeld nicht. Sofern Sie sie aus einem Angestelltenverhältnis heraus betreiben und Ihr Arbeitgeber nichts davon wissen soll, ist natürlich Vorsicht angesagt. Aber viele Bewerber legen mehr Vorsicht an den Tag, als nötig wäre. Ist es denn nicht ganz legitim und natürlich, sich ab und zu umzuschauen, wie die Lage bei anderen Unternehmen derzeit ausschaut? Optionen checken ist immer erlaubt, und ich finde nicht, dass man das übertrieben stark verheimlichen muss.

Daneben ist es Ihr »Guerilla-Job«, aktives Networking zu betreiben – und zwar ist das ein regelrechter Alltagsjob, nicht bloß eine Gelegenheitstätigkeit! Wenn Sie jemanden kennen, der jemanden kennt, der von jemandem weiß, der mit dem Geschäftsführer Ihres Traumunternehmens befreundet ist, so haben Sie die Möglichkeit, direkte Beziehungen herzustellen. Und diese sind oft wertvoller als alle Zeugnisse, Auszeichnungen und sogar Erfahrungen zusammen – oder die beste Ergänzung dazu. Ein guter Kontakt kann dafür sorgen, dass ein absoluter Quereinsteiger auf einem verantwortungsvollen Posten landet – allein aufgrund guter Beziehungen und weil der Chef dem Bekannten grundsätzlich mehr zutraut als dem Fremden (und seien dessen Referenzen noch so gut). Deshalb sind Netzwerke so wichtig, ob im Sport, im sozialen Engagement oder, oder, oder. So kenne ich etwa eine Frau, die über ihr Ehrenamt bei UNICEF aus dem Journalismus in die Geschäftsführung eines Vereins wechseln konnte. Mit einer normalen Bewerbung hätte sie vermutlich niemals diesen Erfolg gehabt.

Einige Anregungen möchte ich Ihnen geben, worauf Sie in dieser Phase der Suche achten sollten:

- Bekannte erzählen Ihnen, dass ein Unternehmer neue Geschäftspläne entwickelt hat und dabei ist, in die Tat umzusetzen.
- Nachbarn haben gehört, dass die Firma XY nach ABC umsiedeln wird.
- Ein Freund macht Sie auf einen Aushang am schwarzen Brett oder einen Hinweis im Internet aufmerksam.
- In der Kantine berichtet ein Kollege von neuen Plänen eines Wettbewerbers, die strukturelle Veränderungen nach sich ziehen und neue Stellen in diesem Unternehmen schaffen werden.
- In der Zeitung lesen Sie, dass die Firma UZT Betriebsteile nach Osteuropa auslagert und Leute braucht, die die Produktionsstätten aufbauen und überwachen.
- In einem Wirtschaftsmagazin erfahren Sie, dass ein Unternehmen einen Letter of Intent (eine Absichtserklärung im Hinblick auf ein neues Geschäft) unterschrieben hat. Das hat neue Aufträge zur Folge und dürfte einen Boom nach sich ziehen.
- Sie erfahren von der Schwangerschaft einer Kollegin in dem Betrieb, für den Sie gerne arbeiten würden.
- Sie hören, dass eine Agentur neue Aufträge bekommen soll und für diesen Fall dringend und schnell neue Arbeitskräfte braucht.
- Ein neues Projekt, das bisher nur als Konzept besteht, soll verwirklicht werden. Was (bisher) fehlt, sind engagierte Kräfte für die Umsetzung.
- Sie erfahren von der Gründung einer freien Schule, die bald sicher auch einen Schulleiter und Lehrkräfte braucht.
- Sie erfahren von neu gegründeten Unternehmen, die schnell wachsen.

- Halten Sie Kontakt zu ehemaligen Kollegen und Chefs. Wo arbeiten sie jetzt? Vielleicht bei einem Top-Arbeitgeber? Das ist leicht über Xing und den Griff zum Telefonhörer zu ermitteln.
- Beobachten Sie Handelsregistereintragungen: GmbHs starten oft gleich mit Mitarbeitern und müssen sich ins Handelsregister eintragen. Diese Bekanntmachungen finden Sie in regionalen Tageszeitungen und unter www.handelsregister.de.
- Als Handwerker: Erkundigen Sie sich bei der Handwerkskammer nach Neugründungen. Besuchen Sie Meisterklassen – oft finden sich da die künftigen Gründer.
- Als Anwalt: Die Anwaltskammern führen Listen von Kanzleien. Es gibt darüber hinaus die Steuerberaterkammer und die Ärztekammer!
- Andere Ausbildungsstellen: Wo werden die Menschen aus der Branche ausgebildet, für die Sie sich interessieren. Das ist Ihr Anlaufpunkt, denn dort bekommen Sie Informationen. Solche Ausbildungs- und Weiterbildungsstellen sind oft hoch spezialisiert. Es gibt zum Beispiel sogar eine Küchenmöbelakademie.
- Verfolgen Sie die Entwicklung von Firmen, die in Businessplan-Wettbewerben ausgezeichnet werden. Gerade die größeren von ihnen könnten sich gut entwickeln.
- Auch die Wirtschaftsförderungen der Städte und Landkreise können eine tolle Informationsquelle sein. Auf den Veranstaltungen der Fördergremien treffen sich Gründer und Unternehmer – die vielleicht einen Traumjob in einem schnell wachsenden Unternehmen zu vergeben haben.
- Besuchen Sie Gründerplattformen im Internet, etwa www.gruender.de und www.gruenderszene.de, und picken Sie sich »Perlen« mit viel Wachstumspotenzial heraus. Von Anfang an dabei zu sein, bietet Ihnen viele Möglichkeiten, sich zu entwickeln!
- Fordern Sie alle Freunde und Bekannte auf, die internen schwarzen Bretter und Intranets im Visier zu behalten. Große Firmen

haben auch eigene Betriebszeitungen oder Informationsblätter, in denen offene Stellen ausgeschrieben sind.
- Lesen Sie Pressemitteilungen von Firmen, die Sie besonders interessieren. Oft werden darin die künftigen Entwicklungen und Strategien angedeutet. Das gibt Ihnen die Möglichkeit, rechtzeitig zu reagieren.

Das Prinzip hinter jeder Strategie: Sie müssen ein Gesicht bekommen

Vielleicht erinnern Sie den Personalverantwortlichen an einen alten Bekannten oder Kollegen und sehen aus wie Elke und schreiben so ähnlich wie Peter. Möglich, dass Ihre Nase Erinnerungen an Nelli weckt oder Ihre Augen so tiefgründig sind wie die von Nikolaj. Eines jedenfalls steht fest: Bewerbungsunterlagen lassen jede Menge Spielraum für jede Menge Assoziationen. Und grundsätzlich ist es erst einmal positiv zu bewerten, dass diese Assoziationen auftreten. Wer glaubt, in papiernen Unterlagen etwas oder jemanden, Nase oder Augen, Kompetenz oder Vertriebsstärke wiederzuerkennen – bewusst oder unbewusst –, hat ja schon fast Vertrauen gefasst.

Dieses Vertrauen führt oft eher zu einer Einladung zum Vorstellungsgespräch als die einschlägige Berufserfahrung oder das Spezialwissen. Natürlich würden Personaler das nie zugeben. Aber: Meist kommt es gar nicht so weit. Je mehr Bewerbungen eingehen, desto weniger Zeit bleibt für den individuellen Eindruck. Ein Haufen mit Hunderten oder Dutzenden von Mappen ist anonym. Mit etwas Glück und wenn der Stapel nicht zu hoch ist, fällt die oberste Mappe ins Gewicht, weil sie einfach öfter betrachtet wird als die anderen. Oder eine, die zufällig oder absichtlich neben dem Stapel liegt …

Meine Erfahrung

Ich musste immer auf dieses Deckblatt schauen, auf das Gesicht und den Namen. Valeska. Ich habe meinen Chef dann überzeugt, dass wir sie einladen. Sie war auch persönlich überzeugend, ein richtiger Sonnenschein.

Petra, Chefsekretärin

Den wirkungsvollsten und nachhaltigsten Eindruck hinterlässt natürlich der Mensch in seiner Gesamtpersönlichkeit – wie er spricht, wie er aussieht, welches Parfum oder Aftershave er trägt und welchen (dezenten) Körpergeruch er hat, wie er wirkt (kompetent, freundlich, überzeugend). Dieser ganzheitliche Eindruck ist das, was haften bleibt. Er weckt Gefühle und Erinnerungen, schafft Vertrauen. Das Gesicht als »Stellvertreter« dieses Gesamteindrucks ist das Einstellungskriterium schlechthin. Aber erst, wenn ein Bewerber sich persönlich vorstellt, bekommt er ein Gesicht. Fotos sind oft trügerisch.

Meine Erfahrung

»Sie kam einfach vorbei mit der Mappe in der Hand, alle anderen hatten ihre Unterlagen geschickt. Sie hatte einen festen Blick, ist mir nie ausgewichen. Ich habe sie spontan zur Hospitation eingeladen«, sagt die Kindergartenleiterin über das erste Gespräch mit der Bewerberin.

Für die Beurteilung eines Bewerbers ist der persönliche Eindruck oft wichtiger als die Tatsache, dass die Berufserfahrung mit den Anforderungen übereinstimmt. Nur so ist zu erklären, dass die Krankenschwester den Einstieg in die Werbebranche schafft und der Eventmanager ohne irgendeine Vorerfahrung im Vertrieb plötzlich als Key Account Manager für einen Discounter arbeiten darf. Je kleiner und familiärer der Betrieb ist, desto emotionaler fällt dabei häufig die Beurteilung aus.

Meine Erfahrung

Sie war einfach unheimlich sympathisch, so fröhlich. Die mussten wir einfach einladen.

Luise, Personalverantwortliche eines Familienunternehmens

Solche Aussagen sind die Regel und nicht die Ausnahme, vor allem wenn Sie sich vor Augen halten, dass 90 Prozent aller Arbeitnehmer bei kleinen und mittelständischen Firmen tätig sind, deren Personalauswahl überwiegend bauchgesteuert ist. Für Sie ist es gut, wenn man Sie mehr als einmal wahrgenommen hat, mehr von Ihnen kennt als einen Lebenslauf: Einem Bewerber mit Gesicht sagt man nicht mehr so einfach ab. Deshalb ist es wichtig, dass Sie erst einmal ein Gesicht bekommen.

Meine Erfahrung

Ich weiß, das war auch eine Portion Glück: Ich habe eine Wohnungsbaugesellschaft ausgewählt, die ich von meinem früheren Arbeitgeber kannte. Ich habe einfach so angerufen und durfte sofort vorbeikommen. Am Telefon habe ich gesagt, dass ich Architektin bin, spezialisiert auf die Leistungsphasen 5 bis 9, und auf der Suche nach einer Stelle als technische Mitarbeiterin. Später habe ich erfahren, dass an diesem Tag jemand gekündigt hat. Aber der Chef hat mir versichert, dass er mich auch sonst eingeladen hätte. Im Gespräch habe ich gesagt, dass ich als Mutter von drei Kindern gerne nur 30 Stunden arbeiten würde. Auch das war kein Problem. Ich denke, gerade dieser Punkt wäre in offiziellen Bewerbungsunterlagen ganz anders rübergekommen. So konnte ich flexibel reagieren und auf die unterschiedlichen Fragen von Chef und technischem Leiter individuell und charmant eingehen.

Susanna, 37 Jahre

Fünf Grundregeln, die für alle Strategien gelten

Nummer 1: Zeigen Sie sich

Wenn irgend möglich: Bringen Sie Unterlagen persönlich vorbei, unterhalten Sie sich mit Mitarbeitern des Unternehmens – auch wenn Sie nicht sofort zum Chef vordringen. Sie gewinnen auf diese Weise oft Verbündete, die sich für Sie einsetzen – so wie die Chefsekretärin einer Holzfirma, die die Bewerberin nach einem Initiativanruf am Telefon persönlich darüber aufklärte, mit welchen Informationen Sie beim Personalleiter »landen« würde. »Schreiben Sie, dass Sie unsere Firma von der Großbaustelle Allersheim kennen. Ich leite das dann weiter.« Die Einladung zum Gespräch folgte zwei Tage später.

Überlegen Sie, was Sie sagen können, wenn Sie beim nächsten Mal persönlich bei Ihrer Wunschfirma erscheinen.

Ich möchte sagen, dass …
____

____

____

Ein paar Ideen

- Wenn Sie sich in einer fremden Stadt bewerben wollen: Haben Sie vielleicht in nächster Zeit einen Termin dort oder planen einen Besuch? Warum die Zeit nicht zu einem Kennenlerngespräch nutzen? Befindet sich das Unternehmen, von dem Sie wissen oder vermuten, dass es Mitarbeiter sucht, in der Nähe Ihres Wohnorts? Bringen Sie eine schriftliche Bewerbung persönlich vorbei.
- Wohnt der potenzielle Chef gleich über die Straße? Stecken Sie ihm doch einmal eine nette Karte in den Briefkasten.
- Kennen Sie jemanden, der in dem von Ihnen ins Visier genommenen Unternehmen arbeitet? Verabreden Sie sich doch einfach

einmal zum Essen in der Kantine und lassen Sie sich dem Personalentscheider vorstellen.

Was könnten Sie tun?

Ich könnte …

Nummer 2: Lassen Sie von sich hören

Suchen Sie den persönlichen Kontakt, wann immer das möglich ist. Rufen Sie – auch mehrmals – an. Behandeln Sie potenzielle Arbeitgeber, die Sie im Initiativgespräch zumindest so weit gewinnen können, dass Sie sich innerhalb eines bestimmten Zeitraums erneut melden dürfen, besonders aufmerksam. Bringen Sie sich in Erinnerung, vielleicht einfach nur durch eine Karte oder einen Brief zwischendurch. Der Effekt ist immer ähnlich, sofern Sie es schaffen, mit Ihren »Werbebriefen« positiv und unaufdringlich herüberzukommen. Beim ersten Mal kennt Sie niemand, beim zweiten Mal hört man bei Ihrem Namen schon genauer hin und beim dritten und vierten Mal sind Sie fast vertraut und können sofort eingeordnet werden. Überraschen Sie, indem Sie nicht immer die gleichen Fragen stellen oder indem Sie etwas Unerwartetes sagen, zum Beispiel: »Ich wollte Ihnen einfach noch einmal einen schönen Urlaub wünschen.« Sie ahnen nicht, wie so etwas nachwirkt. Trauen Sie sich.

Was können Sie tun, um einen warmen Kontakt warmzuhalten?

Ich könnte …

Ein paar Ideen

- Halten Sie Kontakt, auch dann, wenn gerade kein akuter Bedarf nach einem Mitarbeiter mit Ihren Qualifikationen besteht (das kann sich schnell ändern). Fragen Sie nach jedem Telefonat: Darf ich mich in (vier oder sechs) Wochen noch einmal bei Ihnen melden? Oder: Treffe ich Sie auf der Messe XY? Vielleicht sehen wir uns auf dem Kongress?
- Der Chef war in Urlaub? Fragen Sie danach, wie es war. Knüpfen Sie überhaupt stets an Gesprächsinhalte an. Dazu ist es unbedingt nötig, diese auch schriftlich festzuhalten und mit einem Wiedervorlagesystem jeweils zu überarbeiten.
- Beim letzten Gespräch war unklar, in welche Richtung sich das Geschäft weiterentwickeln würde. Beobachten Sie die aktuelle Entwicklung, etwa indem Sie sich umhören oder durch die regelmäßige Lektüre von Tages- und Wirtschaftszeitungen. Werden Sie aktiv, wenn sich etwas tut, beispielsweise wenn ein neues Produkt auf den Markt kommt.

Nummer 3: Erzählen Sie auch Persönliches von sich

Sie sind besser »merkbar«, wenn Ihr Gesprächspartner etwas mit Ihnen verbinden kann, sei es das Hobby »Segeln«, die regionale Herkunft (»ja mei, a Bayer«), das Ehrenamt oder die Liebe zu kaltem Pfefferminztee. Natürlich laufen Sie damit immer auch Gefahr, nicht so gut anzukommen. Diese ist aber weitaus geringer als die Chance, sich einen ganz dicken Bonuspunkt zu sichern. Wer profillos ist, an den kann man sich auch schlechter erinnern. Wer dagegen ein Profil hat und zeigt, schafft sich in vielen Fällen einen deutlichen Sympathievorteil.

Machen Sie sich bewusst, was Sie persönlich auszeichnet und was das Besondere an Ihnen ist.

Mich persönlich zeichnet aus, dass …

Das Besondere an mir ist …

Ein paar Ideen

- Fragen Sie sich, was interessant an Ihnen ist. Beobachten Sie in Ihrem persönlichen Umfeld Reaktionen, etwa wenn Sie sagen, dass Sie Cello spielen.
- Fragen Sie Bekannte und (ehemalige) Kollegen: »Was ist eigentlich das Prägnante an mir?« Fragen Sie insbesondere auch flüchtige Bekannte.
- Lassen Sie sich von einer neutralen Person wie einem Coach eine Einschätzung geben.

Nummer 4: Betonen Sie das, was Sie als Mensch und Mitarbeiter auszeichnet

Vielleicht sind Sie besonders sorgfältig bei der Arbeit, extrem charmant und positiv oder können andere begeistern. Hauptsache, Ihre vordergründige Eigenschaft passt zum Job und zu Ihnen und reflektiert wirklich das, was Sie auszeichnet.

Was braucht das Unternehmen (vermutlich) und was können Sie bieten?
Das Unternehmen braucht:

Ich kann bieten: ____

____

____

Ein paar Ideen

- Auch hier hilft im ersten Schritt wieder die Einschätzung von neutralen Personen oder Kollegen. Wie wirken Sie? Das können Sie zum Beispiel auch mit Listen erfragen. Solche Tools finden Sie etwa im Fanbereich auf meiner Facebook-Seite: www.facebook.com/Svenjahofert.
- Darüber hinaus müssen Sie möglichst viel über das Unternehmen und seinen individuellen Stil, seine Visionen und »Einstellungen« herausfinden. Achtung: Grenzen sind hier, wie überall, leicht überschritten. Ein klein wenig »Zuviel« – tägliche Anrufe oder ein Interesse am Job, das wie Anbiederei daherkommt – und schon wirken Sie aufdringlich. Versuchen Sie ein gesundes Mittelmaß.

Nummer 5: Mixen Sie Ihren Kompetenzcocktail

In jedem Beruf spielt ein bestimmter Mix aus Kompetenzen sowie Persönlichkeit eine Rolle. Dieser Mix ist wie ein Cocktail: Er muss das richtige Mischungsverhältnis besitzen, um dem Arbeitgeber und den Kollegen gut zu schmecken. Die Anteile sind dabei häufig unterschiedlich dosiert. Sowohl an Ausbildung und Erfahrung als auch an die Persönlichkeit werden jeweils verschiedene Anforderungen gestellt. Denken Sie nur an Sätze wie »Idealerweise verfügen Sie über zwei bis drei Jahre Berufserfahrung« in manchen Stelleninseraten. Intensität, Dauer und Ausprägung der einzelnen Kompetenzkomponenten können variieren. Ebenso der endgültige Mix: Bei einem Ingenieur der Medizintechnik sind Ausbildung und Erfahrung häufig wichtiger als die Persönlichkeit. Bei einer Arzthelferin entscheidet dagegen oft allein das Auftreten (und leider nicht selten auch das Alter). Kenntnisse und Hochschul- oder Berufsabschluss sind immer dann vergleichsweise unwichtig, wenn es um weniger spezialisierte Tätigkeiten geht und vor allem eine ausgeprägte Persönlichkeit gefordert ist.

Was ist Ihr persönlicher Mix?

Wissen Sie es? Dann können Sie den folgenden kurzen Abschnitt getrost überlesen. Falls nicht, halten Sie einmal kurz inne und denken Sie nach. Beschränken Sie sich auf maximal sechs Argumente – mehr kann sich Ihr jeweiliges Gegenüber ohnehin nicht merken.

Mein Mix:

1. ______________________________
2. ______________________________
3. ______________________________
4. ______________________________
5. ______________________________
6. ______________________________

Was ist Ihr »Geschmack«?

In jedem Cocktail dominiert ein Geschmack wie Limetten im Caipirinha oder der nach Bitterorange im Tequila Sunrise. Überlegen Sie, was Ihr individueller Geschmack ist. Halten Sie sich dabei vor Augen, dass Menschen Sie häufig nur auf einen einzigen Bereich reduzieren: Das ist die »Taffe«, die »Kompetente« oder der »Nette«. Versuchen Sie nicht krampfhaft, anders zu sein oder einen Eindruck zu erwecken, der unglaubwürdig wirkt. Sie sind als Mensch leichter »verständlich«, wenn Sie sich zunächst auf eine Dimension konzentrieren.

Mein Geschmack: ____

____

____

Wenn Sie sich ohne schriftliche Unterlagen bewerben, werden Sie vielfach ins Gespräch kommen – ob am Telefon oder mündlich. Auch für die schriftliche Kommunikation gelten die folgenden Tipps, die Sie in jedem Fall und überall beherzigen sollten.

Die Vorbereitung auf die Guerilla-Bewerbung

Bevor Sie loslegen, müssen Sie sich darüber klar werden, was und wohin Sie wollen – und welche Brücken Sie bauen können, um Ihr Ziel zu erreichen.

Zielfindung

Es ist tatsächlich so einfach: Wer ohne ein klar definiertes Ziel vor Augen unterwegs ist, kann gar nicht wissen, welchen Weg er einschlagen soll. Ohne diese Voraussetzung ist eine Bewerbung überhaupt sinnlos. Wenn Sie sich in dieser Lage befinden, empfehle ich Ihnen, dass Sie zunächst den Bereich auskundschaften, in dem Sie mit Ihrer Guerilla-Bewerbung landen wollen. Das A und O dafür sind Gespräche mit Insidern und Menschen, die sich dort auskennen. Investieren Sie diese Zeit, Sie werden sehen, es lohnt sich. Im Kapitel »Terminstrategie« finden Sie dazu noch einige Hinweise.

Wie komme ich von A nach B?

Diese Frage stellt sich jeder, der sich beruflich verändern möchte – ob er von einer in die andere Branche springen oder einen Funktions- und Bereichswechsel vornehmen möchte.

Je größer die Veränderung, desto schwieriger wird sie. Ist ja klar: Sie werden für Ihre Erfahrung eingekauft, oft auch für Kontakte und Netzwerke innerhalb einer Branche. Wenn Sie diese in die nächste Position nicht einbringen können, sind Sie schlicht weniger wert. Je größer die Veränderung, desto weniger funktioniert sie außerdem über Bewerbungen. Vielleicht geht es auch erst einmal eine Nummer kleiner?

Brücke, wo bist du?

Wer lieber in kleinen Schritten denkt, dürfte mit meinem Brückenprinzip gut beraten sein. Brücken zu suchen heißt, zu analysieren, welche Bausteine im eigenen Lebenslauf tragfähig genug sind, um eine Brücke zu bauen, die in einen anderen Job führen kann. Vielfach sieht man diese Brücken selbst gar nicht. Einer meiner Kunden war völlig überrascht, dass eine uralte Ausbildung zum Speditionskaufmann ihm 20 Jahre später zum Traumjob verhelfen konnte. Ein anderer merkte erst in Gesprächen, dass seine handwerkliche Nebentätigkeit entscheidend für eine Tätigkeit als Ausbildungsbetreuer in einem produzierenden Unternehmen war.

Was kann ich tun?

»Auf welche Stellen in Festanstellung könnte ich mich nach 11 Jahren als Unternehmerin bewerben?«, fragte ich neulich zum Spaß ein paar Kollegen. Im Ernst: Es fällt mir selbst nicht viel ein, außer dass ich vermutlich nicht so gut geeignet bin für die meisten angestellten Jobs. Trotzdem hatten die Kollegen eine Menge Ideen, Firmenkundenberaterin bei einer Bank zum Beispiel. Warum gerade dieser Job?

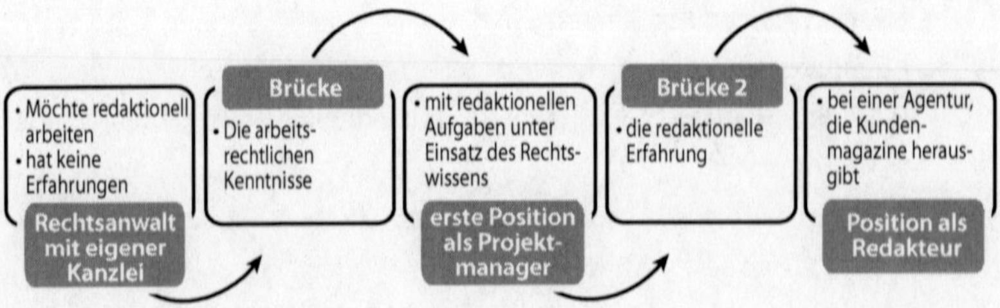

Die Brücke sind meine Kontakte zu Selbstständigen. Ein Banker hat mir bestätigt, dass es gar nicht unrealistisch sei, fachfremd in solche Bereiche einzusteigen. Ehrlich, hätte ich selbst nie gedacht. Und genau darum geht es, denn oft kommt man selbst nicht auf das Naheliegende.

Ich habe Ihnen in der Grafik ein Beispiel vorbereitet, wie man in Brücken denken kann. Wichtig ist dabei, neben Brücken auch sein Ziel zu kennen. Je klarer das Ziel, desto einfacher lässt sich am anderen Ufer ein Pfeiler errichten. Natürlich können zwischen Ausgangspunkt und Ziel auch viele Hundert Kilometer liegen. So viele Kilometer, dass die Entfernung zu groß ist, um sie zu »überbrücken«. Dann könnte es Sinn machen, einen Zwischenschritt einzubauen.

Beispiel: Angenommen, ich wollte Vorstand bei einer Bank werden (keine Sorge, reine Fantasie): Dann wäre es doch ein kluger Schachzug von mir, erst einmal überhaupt in die Bankbranche zu kommen und mich dort zu beweisen. Wenn ich dann merke, dass mir Grundlagen über Wertpapiergeschäfte fehlen, eigne ich sie mir an und schaffe dadurch die nächste Brücke.

Wer bin ich?

Wenn Sie sich bewerben, sollten Sie nicht nur wissen, was Sie können, sondern auch, wer Sie sind. Nicht ohne Grund gibt es den Satz »Man wird eingestellt aufgrund des Wissens, aber gefeuert wegen der Persönlichkeit«. Und die muss passen. Und nicht alle Unternehmen fordern gleiche Eigenschaften, denn, so, wie Sie eine Persönlichkeit haben, hat das Unternehmen auch eine. Die Unternehmenspersönlichkeit kann traditionsbewusst sein oder innovativ, kreativ oder teamorientiert.

Sind Sie initiativ und kommunikativ, leben Sie dafür, »Schnittstelle« zu anderen Menschen zu sein? Oder geht es Ihnen darum, zu führen und in der ersten Reihe zu stehen? Sind Sie ein Macher, aber keiner, der gerne (an-)leitet? Oder interessieren Sie vor allem die Detailaufgaben, die ein gewissenhaftes Herangehen erfordern? Darüber müssen Sie sich Klarheit verschaffen, *bevor* Sie sich bewerben, denn nur dann kann Ihre Bewerbung – gleich welcher Art – erfolgreich sein. Wer etwas gerne macht, macht es gut. Es ist sehr wahrscheinlich, dass Sie in Jobs, die Sie nur halbherzig ausüben, scheitern oder ewig frustriert sein werden. Folgend möchte ich Ihnen einige kleine Entscheidungshilfen geben. Kreuzen Sie an, was auf Sie zutrifft, beliebig viele Antworten sind erlaubt:

Ich bin eher ein	☐ Macher
	☐ Mann/Frau im Hintergrund
Ich	☐ liebe Details und Ordnung
	☐ plane gern und denke strategisch
	☐ denke an schnelle Lösungen
	☐ berate gern
	☐ koordiniere gern
	☐ präsentiere gern
	☐ bringe gern kreative Ideen ein
	☐ entscheide gern
	☐ identifiziere mich mit dem Thema oder der Sache
	☐ identifiziere mich mit Menschen
	☐ identifiziere mich mit Zielen

- ☐ identifiziere mich mit Ideellem
- ☐ führe gern
- ☐ motiviere gern
- ☐ verhandle gern

Erweitern Sie diese Liste. Schreiben Sie sich die Punkte heraus, die Sie angekreuzt haben. Ordnen Sie diese als »Hitliste« und fragen Sie sich, was der jeweilige Punkt für Ihr Berufsziel und Ihre weitere Karriereplanung konkret bedeutet.

Wenn Sie unsicher sind, könnte ein Test helfen. Viele Texte und Anregungen zu verschiedenen Tests finden Sie in meinem Blog auf www.svenja-hofert.de.

Überlegen Sie, mit welchen Themen und Dingen Sie zu tun haben möchten, indem Sie gedanklich einzelne Branchen durchgehen, die für Sie infrage kommen.

Ihre innere Einstellung klären

Wenn Sie sich ohne Bewerbung bewerben, werden Sie vielfach ins Gespräch kommen – ob am Telefon oder direkt. Aber auch für die schriftliche Kommunikation gelten die folgenden Tipps, die Sie in jedem Fall und überall beherzigen sollten. Denken Sie daran: Sie sind kein Bittsteller, sondern haben etwas Gutes anzubieten!

»Haben Sie einen Job für mich?« »Haben Sie Bedarf?« Solche Fragen befördern Sie womöglich vom Telefonhörer ins (Gesprächs-)Aus. Sie müssen ins Gespräch kommen, Anrufe als Bereicherung sehen und nicht als schnelle Antwortbeschaffungsmaßnahme oder gar als Selbstbestätigung, dass Anrufe eben doch »blöd« sind und dass es so nicht geht.

Doch viele Bewerber fühlen sich als Bittsteller, nicht als jemand, der etwas zu bieten hat. Halten Sie sich das jeden Tag vor Augen. Fragen (und denken) Sie deshalb nie: »Haben Sie einen Job für mich?«, sondern: »Ich mache Ihnen ein gutes Angebot mit meinem Bündel aus Fachkompetenz, Persönlichkeit und beruflicher Erfahrung.«

Verabschieden Sie sich vom Bewerberdeutsch!

Die Einleitung »Ich möchte mich bewerben« ist genauso schädlich wie die doppelte und dreifache Kennzeichnung von Unterlagen mit dem Wort »Bewerbung« – auf Anschreiben, der Mappe und im ersten Satz. Ändern Sie Ihr Vokabular so, dass das Bewerben darin nicht mehr vorkommt. »Ich bin daran interessiert, meine Kompetenz für Ihr Unternehmen einzusetzen« – das klingt doch viel selbstbewusster, oder?

Nerven Sie nicht!

Es stellt einen kleinen Balanceakt dar, einerseits direkt und selbstbewusst aufzutreten und sich andererseits so zu verhalten, dass es sympathisch und nicht aufdringlich wirkt. Wichtig in diesem Zusammenhang: Halten Sie sich an Vereinbarungen, was den erneuten Kontakt betrifft (und treffen Sie diese!). Auf die Frage »Darf ich Sie in einer Woche noch einmal anrufen?«, werden Sie wahrscheinlich kein »Nein« hören, aber vielleicht ein »Ja« oder ein »Ja, aber besser erst in 14 Tagen«.

Nur die Ruhe und Geduld!

Wenn Sie sich mit einer der Guerilla-Strategien bewerben, die ich Ihnen gleich vorstellen werde, werden Sie in der Regel nicht schon am nächsten Tag den Arbeitsvertrag unterschreiben. Es wird etwas länger dauern, bis Sie Erfolg haben, vielleicht Monate und möglicherweise sogar ein ganzes Jahr. Je qualifizierter Sie sind und desto größer die gewünschte Veränderung, desto mehr Geduld brauchen Sie.

Sie dürfen nicht erwarten, dass ein einziger, einmaliger Kontakt Arbeitsplatz-Wunder bewirkt. Vielleicht müssen Sie nicht nur ein-

oder zweimal, sondern fünf- bis zehnmal mit dem potenziellen Arbeitgeber sprechen. Sie haben sich darauf einzustellen, mehr zu tun, und sich mit dem Gedanken anzufreunden, dass nicht jede Aktion gleich zum Erfolg führt. Seien Sie sicher: Die Arbeit, die Sie in das Suchen und Finden geeigneter Stellen stecken, lohnt sich mit Sicherheit. Stellen, die Sie selbst, aus eigener Neigung und aus Interesse ausfindig machen, sind meist ideal auf Sie zugeschnitten. Ein weiterer Vorteil dieses Weges: Sie gehen keine faulen Kompromisse ein. Und wenn Sie sich nur auf Stelleninserate bewerben, finden Sie möglicherweise erst in anderthalb Jahren oder vielleicht sogar nie einen Job.

Sich aufstellen

Bevor Sie sich bewerben – ob mit oder ohne Bewerbung: Bereiten Sie alles vor, was Sie brauchen. Dazu gehört natürlich die Beschäftigung mit dem eigenen Lebenslauf. Für dessen Aufbereitung können Sie zwei mögliche Wege einschlagen. Der erste führt Sie über das berufliche Ziel hin zum eigenen Lebenslauf. Definieren Sie dieses Ziel möglichst konkret und gehen Sie dann Ihren Lebenslauf Schritt für Schritt durch. Die Kernfrage dabei: Was habe ich getan, das meinem beruflichen Ziel dient? Beziehen Sie Tätigkeiten, Ausbildungen, Weiterbildungen, ehrenamtliches Engagement, Auszeichnungen et cetera mit in Ihre Gedanken ein. Erstellen Sie dann eine Liste.

Was habe ich getan, das meinem beruflichen Ziel dient?

1. ________________________________
2. ________________________________
3. ________________________________
4. ________________________________

Überarbeiten Sie Ihren Lebenslauf vor dem Hintergrund dieser Liste. Betonen Sie die Stationen, die Ihrem Ziel »auf die Beine helfen«. Streichen Sie Etappen, die eher verwirren und vom Weg abbringen –

solange dadurch keine Lücken entstehen. Andernfalls versuchen Sie, auch diese »zweitklassigen« Stationen einzubinden und einen Bezug zu Ihrem Ziel herzustellen. Die Grundfrage lautet: Welches Wissen und welche Erfahrung aus dieser Tätigkeit sind mir auch heute noch dienlich?

Der zweite Weg bietet sich dann an, wenn Sie sich über Ihr Ziel noch nicht im Klaren sind. Analysieren Sie genau und ehrlich zu sich selbst Ihre bisherigen beruflichen Stationen.

- Was haben Sie in den jeweiligen Positionen und Funktionen getan?
- Welche Tätigkeiten haben Sie ausgeübt, was genau haben Sie gemacht? Denken Sie in Verben. Gehen Sie in Gedanken einen ganzen Tag durch und zerlegen Sie diesen in einzelne Handlungen.

Notieren Sie diese Handlungen. In welchen Berufen und Branchen wird das gebraucht, was Sie konkret getan haben? Wohin möchten Sie sich verändern? Was ist in diesem Bereich gefragt? Wo haben Sie eine ähnliche Erfahrung gewonnen oder was können Sie tun, um auszugleichen, dass Ihnen eine Erfahrung fehlt. Schreiben Sie auf, was Ihnen einfällt.

Klären: Was sind Sie bereit zu tun?

Es geht nicht alles. Manchmal können Sie ohne eine umfassende Weiterbildung oder ein Aufbaustudium Ihre Pläne einfach nicht realisieren. Wenn Sie bisher als PR-Berater gearbeitet haben und in die Buchhaltung wechseln wollen, ist dafür eine Schulung inklusive abschließender Prüfung sinnvoll. Wenn Sie Personalberater sind und in einem Unternehmen als Personalentwickler arbeiten möchten, ist ebenfalls eine längere Weiterbildung oft ein guter Wegbereiter.

Hinzu kommt: Bestimmte Branchen sind wenig durchlässig und lassen kaum Quereinsteiger zu. Hier geht es gar nicht ohne eine neue Aus- oder Weiterbildung. Wenn Sie nicht ganz sicher sind, rufen Sie bei Ihren Wunschunternehmen an und fragen Sie in der Personalabteilung, welche Ausbildung man schätzt. Sie sollten sich aber schon vorher ungefähr überlegt haben, welche das sein könnten, und einige zur Auswahl haben. Informationen zu Ausbildungen finden Sie zum Beispiel im Kursnet der Arbeitsagentur oder bei Emagister.de. Sofern Sie arbeitslos sind oder werden, können Sie einen Bildungsgutschein bekommen.

Meine Erfahrung

Ich war sieben Jahre in Australien. Dort hatte ich nur gejobbt. Mir war klar, dass ich hier außerhalb der Gastronomie in meinem Wunschbereich als Assistentin nicht sofort einen Job bekommen würde. Ich absolvierte verschiedene Kurse, unter anderem in SAP, und schrieb danach Unternehmen an, die mich interessierten, weil sie mit Australien zu tun hatten. Das klappte schnell.

Judith, 35 Jahre

Die Angebotsstrategie – »Ich schlage etwas vor«

Das Unternehmen soll Ihnen ein Angebot machen? Ach was. Denken Sie mal andersherum. Anstatt sich als Bewerber vorzustellen, unterbreiten Sie Ihrem Wunscharbeitgeber ein jobbezogenes Angebot. Es kann das Angebot sein, ein Praktikum zu machen, Ihre Arbeitskraft zu testen oder sich ein neues Absatzgebiet zu erschließen.

Welches Angebot Sie machen können, hängt von dem ab, was Sie zu bieten haben. Sehen Sie Ihre berufliche Erfahrung als Schatz. Der Arbeitgeber betrachtet Ihre Persönlichkeit, Ihre Arbeitskraft und Ihr Wissen als eine wertvolle Ressource. Fragen Sie sich,

- was dem Unternehmen fehlt,
- was es nicht optimal nutzt und
- was Sie aus Ihrem »Schatz« bieten können, um dem Unternehmen nützlich zu sein.

Wie profitiert die Firma, bei der Sie sich vorstellen, von Ihnen und Ihrem Wissen? Wo könnten Sie sich einbringen? Gehen Sie dabei vor wie ein Versicherungsmakler: Zunächst untersuchen Sie bei dem Unternehmen dessen Ist-Situation. Der Versicherungsmakler fragt: Welche Versicherungen sind vorhanden? Wie sinnvoll ist es, sie zu haben? Gibt es günstigere Varianten? Fehlt vielleicht sogar eine Versicherung, die Sie unbedingt brauchen? Fragen Sie:

- Wie stellt sich die Situation des Unternehmens allgemein oder in der für Sie relevanten Abteilung dar?
- Wie sinnvoll sind die Abläufe?
- Gibt es Möglichkeiten, Geld einzusparen, zu wachsen, das Image zu verbessern?

- Fehlt etwas, das der Wettbewerb bereits hat oder was in anderen Ländern längst gang und gäbe ist?

Tatsächlich besteht oft kein akuter Bedarf an Bewerbern. In vielen Unternehmen läuft seit Jahren alles gleichförmig ab. Es gibt gute und weniger gute Zeiten, letztendlich verändert sich aber relativ wenig. Dies ist in vielen mittelständischen Firmen so, und auch manch größeres Unternehmen hält jahrelang einen Dornröschenschlaf, ehe es sich aufgrund veränderter Marktsituationen wandeln muss, zum Beispiel weil es gekauft wird. Bedarf entsteht erst, wenn sich etwas bewegt, wenn neue Wege beschritten oder »Äste beschnitten« werden sollen. Der Wunsch nach Veränderung schlummert zwar in vielen Köpfen, ist aber oft nicht sehr konkret ausgebildet. Entweder wird er nicht richtig wahrgenommen oder herausgeschoben. Erst wenn jemand von außen den oder die Verantwortlichen auf den Geschmack bringt, also einen konkreten Anstoß bietet, kommt Bewegung ins Spiel. Und immer wenn das der Fall ist, entstehen neue Stellen. Ihr Job ist es, da zu sein, wenn sich etwas bewegt – oder selbst die Dinge ins Rollen zu bringen.

Fragen Sie sich bei der Ausarbeitung Ihrer Angebotsstrategie auch:

- Was hindert den Arbeitgeber, einen Mitarbeiter einzustellen?
- Was können Sie tun, wenn Sie die Gründe dafür kennen? Ist es pures Unwissen?
- Der Unternehmenschef ahnt nicht, dass er Sie braucht? Wie können Sie eine Ahnung und ein Problembewusstsein – Motto: »Wenn wir das jetzt nicht tun, verlieren wir unsere Wettbewerbsfähigkeit« – wecken?
- Ist es die Angst vor einer Bauchlandung? Was tun, wenn der falsche Mitarbeiter eingestellt wird?
- Ist es die Angst, einen Mitarbeiter nicht mehr loszuwerden?
- Sind es die Personalkosten, die der Arbeitgeber fürchtet?
- Ist der Arbeitgeber noch nicht sicher, ob er das Thema besetzen will?

Im Moment entstehen sehr langsam Stellen im Bereich Diversity und Corporate Social Responsibility, und viele beginnen mit Beraterverträgen. Das liegt daran, dass das Thema noch recht neu ist. Der Druck, eine Stelle zu schaffen, wird aber im Laufe der Zeit immer größer werden, etwa wenn die EU Nachhaltigkeitsberichte verlangt.

Neue Themen sind deshalb oft auch langsame Themen, die Stellen entstehen nur peu à peu: erst bei großen Firmen, dann bei innovativen mittleren, dann langsam beim Rest. Das war beim Thema Social Media ganz genauso. Und ebenso beim Online-Marketing. Für Guerilla-Bewerber bedeuten neue Themen aber auch eine besondere Chance, denn die ersten Stellen in diesen Feldern werden immer mit Quereinsteigern besetzt, die noch keine einschlägige Ausbildung durchlaufen haben, eben weil auch diese noch im Entstehen begriffen ist.

Wie wäre es mit einem Zeitvertrag, der es Ihnen ermöglicht, eigene Projekte aufzusetzen, in denen Sie sich bewähren? Fürchtet der Arbeitgeber die Personalausgaben dafür? Argumentieren Sie mit geringen Kosten. Bieten Sie an, für weniger Gehalt einzusteigen. Sammeln Sie Gründe, warum der Arbeitgeber letztendlich spart und sogar Geld gewinnt, wenn er Sie einstellt. Ist es die unsichere Auftragslage, die ihn zögern lässt? Bieten Sie beispielsweise an, neue Aufträge für die Firma selbst zu akquirieren.

Wann sich die Angebotsstrategie empfiehlt

Wenn Arbeitgeber eigentlich keinen Bedarf nach neuen Arbeitskräften haben, stellt die Angebotsstrategie das geeignete Mittel dar. Der Arbeitgeber hat noch kein Problem erkannt – Sie aber sehr wohl. Ihre Aufgabe ist es, ihm nun bewusst zu machen, dass er etwas verpasst, wenn er nicht – mit Ihrer Hilfe – aktiv wird.

Für wen sich diese Strategie eignet

Die größten Erfolge werden Sie mit der Angebotsstrategie haben, wenn Sie sich im Mittelstand oder bei kleineren Firmen bewerben. Sie selbst sollten fachlich kompetent sein und das Problem lösen können, auf das Sie aufmerksam gemacht haben. Sie beweisen Ihr Können eher »by doing«, daher sind formale Abschlüsse natürlich wie überall im Berufsleben zwar auch hilfreich, aber letztendlich weniger wichtig.

Wann diese Strategie wirkt

Die Angebotsstrategie braucht Zeit. Es ist selten, dass Ihnen sofort nach Unterbreiten eines Jobvorschlags der Arbeitsvertrag präsentiert wird – es sei denn, Sie bieten ein Praktikum oder einen »Test« Ihrer Arbeitskraft an. Oft müssen Sie immer wieder nachfassen, mehrere Termine vereinbaren und dauerhaftes Interesse zeigen. Vom ersten Angebot bis zum Erfolg kann gut und gerne ein halbes bis ein Jahr vergehen.

Welche Chancen diese Strategie bietet

Möglicherweise beginnen Sie zunächst auf selbstständiger Basis oder erhalten einen Zeitvertrag. Vielleicht sind Sie aber auch so überzeugend, dass Sie direkt voll und zeitlich unbegrenzt einsteigen können. Dies ist von der jeweiligen Branche, dem Angebot und natürlich auch von Ihrem Verhandlungsgeschick abhängig.

Welche Risiken diese Strategie birgt

Es ist möglich, dass die Idee, die Sie in Ihrem Angebot verpacken, vom Arbeitgeber ohne Rücksprache mit Ihnen übernommen wird, mit anderen Worten: gestohlen wird. Damit Ihnen das nicht passiert, sollten Sie nicht gleich zu Anfang Ihr ganzes Pulver verschießen. Bringen Sie kurz und bündig die Vorteile zum Ausdruck, die der Arbeitgeber aus Ihrer Idee ziehen kann. Bieten Sie aber keine Rundum-Konzeption und geben Sie auch keine Geheimnisse preis. Gehen Sie ganz nach dem Motto vor: Appetit machen – ja, Hunger stillen – nein. Ideal ist es, wenn Ihre Fachkompetenz so groß ist, dass andere die Idee gar nicht umsetzen können. Stellen Sie sich als fachkompetente Person dar, die aus Erfahrung weiß, was zu tun ist. In vielen Bereichen spielen auch Kontakte die entscheidende Rolle. Wenn Sie einen guten Draht zu Zulieferern oder Informanten Ihrer Branche haben, wenn Sie dank Vitamin B gute Preise vereinbaren können oder kraft Ihrer Person Dinge ermöglichen können, die andere nicht erreichen, haben Sie gute Job-Karten. Wenn Sie Einkaufsquellen kennen, von denen andere keine Ahnung haben – super für Sie. Aber Vorsicht, denn gerade in letztem Fall gilt: Nie nennen, nur nutzen!

Downsizing: Sich kleiner anbieten

Oft suchen Guerilla-Bewerber auf dem verdeckten Stellenmarkt nach einer »kleineren« Stelle, die ihnen eine ausgeglichenere Work-Life-Balance ermöglicht. Es gibt durchaus Fälle, in denen Bewerber sich wirklich und aus Überzeugung nach »unten« orientieren wollen – vielleicht einfach nur, um ein weniger stressiges Berufs- und mehr Privatleben zu haben. Mit einer normalen Bewerbung wären Sie wegen Überqualifikation sofort aus dem Rennen. »Nein, Akademiker wollen wir hier nicht haben. Sie wären ja ohnehin nur auf einer Durchlaufstation.«

Die Angst vor Überqualifikation ist bei für den Personalfragen Zuständigen noch verbreiteter als die Furcht, fachlichen Nieten auf den Leim zu gehen. Protzen Sie in Ihrem Angebot also nicht mit Kompetenzen, fahren Sie vielmehr Ihre Kenntnisse auf die für die Stelle relevanten zurück und lassen Sie alles andere – etwa wohlklingende Titel Ihrer vorherigen Jobs – außen vor. Schreiben Sie zum Beispiel einen Brief, in dem Sie zum Ausdruck bringen, dass Sie trotz Ihrer Höherqualifizierung keine Karriereambitionen hegen. Sagen Sie offen und ehrlich, was Ihnen wirklich wichtig ist – in dem Fall vielleicht nur ein kleiner, bescheidener und einigermaßen sicherer Job. Wenn Sie so vorgehen, besteht eine gute Chance, dass Ihnen der Wunsch nach Downsizing auch abgenommen wird. Aber tun Sie das, bevor man Ihren Lebenslauf sieht.

Upsizing: Sich größer anbieten

Sie sollten sich nicht größer machen, als Sie sind, sondern sich nur ein bisschen auf die Zehenspitzen stellen. Das gilt vor allem, wenn Sie auf eine Position spekulieren, die mehr Erfahrung fordert, als Sie direkt vorweisen können – wenn Sie beispielsweise den Sprung auf eine Stelle mit Personalverantwortung wagen wollen. Treten Sie selbstbewusst auf und lassen Sie keinen Zweifel daran, dass Sie das, was Sie vorschlagen, auch selbst umsetzen können. Begründen Sie Ihre Überzeugung, das Angebot realisieren zu können, mit Kompetenz und nicht mit (belegbarer) Erfahrung. Der Vorteil: Weil Sie zunächst persönlich wahrgenommen werden, ist die konkrete Erfahrung in der Regel keine Frage. Später, wenn Sie dann doch einmal über Ihren bisherigen Berufsweg sprechen, sollten Sie auf keinen Fall lügen. Sie müssen es auch nicht, weil Ihnen – wenn Sie einmal ins Gespräch gekommen sind – ganz sicher auch die Lösung der Aufgabe zugetraut wird.

Kontakte anbieten

In bestimmten Branchen sind Kontakte Gold wert, etwa im Vertrieb. Auch Journalisten, Presseleute und der Einkauf profitieren von guten Beziehungen. Möchte ein Unternehmen einen Bereich neu aufbauen, erweisen sich Kontakte oft als das entscheidende Kriterium bei Einstellungen. Jeder Unternehmer weiß, dass nur jemand mit Kontakten einen Neuaufbau bewerkstelligen kann. Ein Beispiel: Ein Internetunternehmen will den Bereich Automotive aufbauen, hat aber keine Kompetenzen in diesem Bereich, erst recht keine heißen »Drähte«. Wenn Sie zu den wichtigsten Zulieferern und Autohäusern persönliche Kontakte haben, verfügen Sie hier über einen kaum mehr aufholbaren Marktvorteil.

Fragen Sie sich: Welche Kontakte besitze ich überhaupt? Denken Sie nach, denn oft haben Sie mehr Kontakte vorzuweisen, als Sie glauben.

____

____

____

Inwieweit nutzen meine Kontakte dem Arbeitgeber?

____

____

____

Inwieweit könnten meine Kontakte dem Arbeitgeber bei der Erschließung neuer Gebiete helfen?

____

____

____

Manchmal ist es sinnvoll, zumindest in den ersten Gesprächen nicht Ross und Reiter zu nennen – vor allem dann, wenn Kontakte leicht von anderen genutzt werden können. Wenn Sie dem Schmuckhändler verraten, wo italienische Glasperlen günstig bezogen werden können, verspielen Sie Ihren Trumpf – und der Kollege nutzt umgehend Ihren Tipp. Für Sie ist dann nichts gewonnen. Wenn Sie jedoch erwähnen, dass Sie ein persönlicher Bekannter eines Herstellers spezieller, für die Firma wichtiger Komponenten sind, ziehen sie mit dieser Aussage einen Trumpf aus der Tasche. Das Namedropping darf dann gerne konkret sein.

Kompetenz anbieten

Was können Sie besonders gut? Worin sind Sie Fachmann oder Experte? Liegt Ihre Kompetenz in der Blechverarbeitung? Im Vertrieb erklärungsbedürftiger Produkte? In der Mitarbeiterführung? Im Neuaufbau von Filialen? Notieren Sie auf einem Blatt Ihre Kompetenzen. Registrieren Sie dabei auch, um welche Kompetenzbereiche es sich handelt.

Was sind Ihre besonderen sozialen Kompetenzen? Denken Sie beispielsweise an die Fähigkeit, auch schwierige Teams zu leiten.

Was sind Ihre besonderen fachlichen Kompetenzen? Gemeint sind die Hard Skills wie bestimmte IT-Kompetenzen.

Was sind Ihre methodischen Kompetenzen? Wie wenden Sie Ihr Wissen an, welche – z. B. didaktischen – Methoden verwenden Sie?

Wie ausgeprägt ist Ihre Handlungskompetenz, also die Fähigkeit, fachliches Wissen auch mit methodischem Know-how in die Tat umzusetzen?

Wenn Sie Kompetenz anbieten, sollten Sie betonen, was Sie können – eventuell mit einem Beispiel und Beleg aus früheren Tätigkeiten. Spicken Sie Ihr Angebot mit solchen »Querverweisen«.

Talent anbieten

Manchmal entscheidet wirklich nur das Können, das in diesem Fall vom Talent kommt und nicht vom Wissen. Texter und andere Kreative können diese Art von Können anbieten, Location Scouts, Regisseure und Drehbuchautoren, Fotografen und Künstler. Wenn Sie Talent in die Waagschale werfen, müssen Sie es vor allem *zeigen*: Ihr Angebot sollte also so gestaltet sein, dass es Ihr Talent vor-zeigt. Denkbar ist etwa eine Mappe mit Arbeitsproben, ein Video, eine Internetseite oder ein gut gemachter Blog. Gerade letzteres hat sich in den letzten Jahren immer wieder als Erfolgsrezept bewährt.

Nicht wenige Blogger haben aufgrund Ihrer Blogs eine Stelle bekommen, etwa Jochen Mai von der Karrierebibel.de, der sich über den erfolgreichen Blog für den Bereich Social Media qualifizierte und eine Stelle in einem Unternehmen angeboten bekam. Zuvor war er als Redakteur bei der *Wirtschaftswoche* angestellt. Ein junger Erzieher hat sich für eine Stelle beim ZDF qualifiziert, weil er so engagiert für den Sender getwittert hatte. Das Internet, Sie sehen, macht eine Menge möglich. Vor allem vereinfacht es das Zeigen. Denken Sie auch an Youtube, das längst zu einer Talentschmiede geworden ist. Sie können dort einen eigenen Kanal aufbauen und sich so als Moderator bewähren, eine Videoserie hochladen und damit Ihr Talent als Benimmtrainer zeigen … Immer mehr Karrieren nehmen im Internet Ihren Anfang. Ihre vielleicht auch?

»Arbeitgeberbestechung«: Vorteilsangebote

Soll ich sagen, dass ich eine Behinderung habe und der Arbeitgeber für mich Zuschüsse erhält? Ich empfehle dies in Einzelfällen durchaus: Wenn die Kompetenz stimmt und die Behinderung nicht einschränkt. In Vereinen und Stiftungen hat es sich bewährt, erst einmal über ein Ehrenamt die Fühler auszustrecken. Natürlich gibt es immer wieder den Fall, dass das ausgenutzt wird. Deshalb müssen Sie diesen Einsatz begrenzen – ein Jahr vielleicht? Sie entscheiden selbst, wie lange er dauern soll.

Meine Erfahrung

Ich habe mich für eine Stiftung engagiert, die Kinder mit einer Leseschwäche unterstützt, was mir viel Spaß gemacht hat. Gleichzeitig habe ich in einem Gespräch mit der Geschäftsführerin erwähnt, dass ich einen Job suche. Sie hat mir dann einen 400-Euro-Job geschaffen – mit der Perspektive, Ihre Nachfolge anzutreten, wenn sie in einem Jahr in Rente geht. Das hat geklappt. Heute bin ich sehr zufrieden mit meiner Tätigkeit und bereue nicht, sie eine Zeit lang aufgegeben zu haben.

Simone, 42 Jahre

Es kann weiterhin sinnvoll sein, ein junges Unternehmen darauf hinzuweisen, dass es in den ersten zwei Jahren Zuschüsse zur Einstellung durch die Arbeitsagentur bekommt. Sogar ein Probemonat kann Sinn machen.

Soll ich mich tatsächlich »billig« verkaufen, um dadurch meine Chancen zu erhöhen? Diese Frage wird oft gestellt – und lässt sich nicht pauschal beantworten. Deshalb drei Rückfragen an Sie: Was ist es Ihnen wert, einen Job zu bekommen? Wie weit würden Sie gehen, und welche Risiken würden Sie einkalkulieren? Klar ist: Es lohnt sich nicht, sich in die Arme eines notorischen Ausbeuters zu begeben. Wer qualifizierte Arbeitskräfte für 700 Euro brutto 40 Stunden arbeiten lässt (so unter anderem vorgekommen bei einem bekannten Versicherungsunternehmen), zugleich aber satte Unternehmensgewinne einfährt, ist für Sie der falsche Ansprechpartner.

Bedenken Sie auch: Wenn Sie sich einmal unter Wert verkaufen, können Sie Ihren Preis oft auf lange Sicht nicht mehr erhöhen. Deshalb meine Empfehlung: Wenn Ihr Angebot auf den Preis fokussiert ist, so bestimmen Sie zeitgleich ein Verfallsdatum für dieses Angebot und den Normalpreis für die Zeit danach. Vereinbaren Sie dies immer auch schriftlich. Setzen Sie zudem nie nur auf billig, sondern immer auf »gut«. Filtern Sie Geizhälse und Ausbeuter heraus, aber betrachten Sie Arbeitgeber auch potenzialorientiert (so wie diese es umgekehrt ebenfalls tun sollten). Das heißt: Interessant für Sie sind all jene Unternehmen, die derzeit wirklich knapsen müssen, sich aber in Zukunft sehr gut entwickeln könnten. Das sind beispielsweise junge Unternehmen, die sich erst noch bewähren müssen, oder Unternehmen in einer Umbruch- und Investitionsphase. Hier kann sich kurzfristiger Verzicht auf mittlere und lange Sicht auszahlen.

Hilfen von der Bundesagentur für Arbeit

Eingliederungszuschüsse werden zum Beispiel dann gezahlt, wenn Arbeitnehmer ihren Beruf längere Zeit nicht ausgeübt haben oder eine Behinderung haben. Die Zuschüsse sollen die »Minderleistungen« ausgleichen. Gefördert wird über maximal zwölf Monate. In dieser Zeit erhält der Arbeitgeber (das kann auch eine Behörde oder ein Verein sein) bis zu 70 Prozent der Lohnzahlung und des Arbeitgeberanteils am Gesamtsozialversicherungsbeitrag. Für Arbeitnehmer, die mindestens 50 Jahre alt sind, kann der Eingliederungszuschuss in Höhe von bis zu 50 Prozent des berücksichtigungsfähigen Arbeitsentgeltes sogar für einen Zeitraum bis zu 36 Monaten gezahlt werden (gemäß § 421f Abs. 1 Satz 1 SGB-III)!

Dem Arbeitgeber können weiterhin Kosten für eine befristete Probebeschäftigung eines behinderten Bewerbers bis zu einer Dauer von drei Monaten erstattet werden, wenn dadurch die Chancen einer Teilhabe am Arbeitsleben für behinderte Menschen verbessert werden (§ 238 SGB III). Zuständig ist die Agentur für Arbeit.

Zuschuss bei Neugründungen: Existenzgründer werden besonders gefördert, wenn sie einen arbeitslosen Arbeitnehmer oder einen Teilnehmer an einer Weiterbildungsmaßnahme einstellen. Die Gründer dürfen allerdings nicht länger als zwei Jahre selbstständig sein. Im Unterschied zum normalen Eingliederungszuschuss wird bei Existenzgründern die maximale Förderdauer von zwölf Monaten häufig ausgeschöpft. Höchstens zwei Arbeitnehmer werden gleichzeitig gefördert.

Gerade für kleinere Firmen können diese Sparmöglichkeiten ein starkes Argument zur Einstellung sein. Sie gewinnen einen gewissen finanziellen Spielraum, wenn sie einige Monate gar kein Gehalt zahlen müssen oder die Arbeitsagentur einen Zuschuss gewährt.

Seien Sie allerdings auf der Hut vor Arbeitgebern, die einen Arbeitslosen nach dem anderen verschleißen. Dieser »Missbrauch« ist jedoch nur dann möglich, wenn es sich um standardisierte, einfache Tätigkeiten handelt. Alle anderen erfordern eine längere Einarbeitungsphase, deren ständige Wiederholung sich kein Unternehmen auf Dauer leisten kann. Hinzu kommt der König Kunde: Hat er sich einmal an Mitarbeiter gewöhnt, reagiert er unwirsch, wenn diese plötzlich verschwinden, und spätestens beim zweiten schnellen Wechsel kurz hintereinander wird er extrem misstrauisch.

Meine Erfahrung

Der Weiterbildungsbranche geht es nicht so gut, sie ist viel von Förderungen abhängig. Ich wollte trotzdem so gern in diesem Bereich arbeiten, es war mein Traum. Ich machte verschiedene Praktika und irgendwann fragte ich das Institut, ob ich nicht ein, zwei Tage in der Woche kostenlos mitarbeiten dürfe. Ich war arbeitslos, mein Selbstbewusstsein im Keller. Ich musste etwas tun. Sie sagten Ja, betonten aber immer wieder, dass sie nichts zahlen könnten. Nach ein paar Wochen durfte ich auch Schulungen übernehmen, die mir bezahlt wurden. Und dann, ich war inzwischen in ein Zeitarbeitsunternehmen gewechselt, wurde eine Kollegin schwanger. Man fragte mich, ob ich nicht die Vertretung übernehmen wollte Nun bin ich ein halbes Jahr in dem Institut, und es gefällt mir gut.

Anna, Geisteswissenschaftlerin

Praktikum anbieten

Ein Praktikum kann eine echte Chance sein und die Vorstufe zur Festanstellung – nicht nur, wenn Sie jung sind und nach Studium oder Ausbildung ganz am Anfang stehen, sondern auch wenn Sie sich sehr stark anders orientieren möchten und in Ihrem Wunschbereich noch wenig oder keine Erfahrung haben. In diesem Fall ist es sinnvoll, Unternehmen Mitarbeit in Form eines Praktikums anzubieten. Aber Vorsicht: Unternehmen, bei denen mehr Praktikanten als festangestellte Mitarbeiter tätig sind, sollten Sie meiden.

Bieten Sie sich nur als Praktikant an,

- wenn Ihnen das Praktikum Gelegenheit bietet zu beweisen, was in Ihnen steckt,
- wenn Sie nicht nur eine einmalige Aufgabe abarbeiten und mehr tun dürfen als Kaffee kochen,
- wenn Sie wirklich noch Erfahrung in dieser Branche oder diesem Umfeld sammeln müssen.

Business-Plan anbieten

Sie wissen genau, dass es ein neues lukratives Geschäftsfeld gibt? In das man einfach nur mutig einen ersten Schritt setzen müsste?

Und dass da jemand ist, der genau diesen Schritt machen könnte, hätte er nur Kenntnis davon? Das ist Ihr Wunsch-Arbeitgeber (oder vielleicht kommen auch gleich mehrere infrage). Er muss nur zupacken und anfangen – und Sie als Verantwortlichen benennen? Dann unterbreiten Sie als Angebot einen fertigen Business-Plan, ein Konzept für den auszubauenden Unternehmensbereich. Beschreiben Sie darin ganz genau, wie Sie sich den Aufbau vorstellen und wie sich die Ausgangslage darstellt. Machen Sie dem potenziellen Chef das Wasser im Mund wässrig. Ganz wichtig: Es muss klar sein, dass niemand außer Ihnen die Realisierung angehen kann. Sonst könnte die gute Idee einfach adaptiert oder gar gestohlen werden ... Vorsicht also! Sind Sie unsicher, dann verraten Sie nicht alles. Stellen Sie in Ihrem Konzept heraus, dass niemand anderes als Sie die Idee umsetzen kann – beispielsweise, weil nur Sie über das Wissen und/oder die Kontakte verfügen. Folgende Fragen sollte Ihr Business-Plan beantworten können:

- Was ist die eigentliche Idee? (Beschreiben Sie sie in *einem* kurzen Satz.) Formulieren Sie die Idee als Ziel.
- Benennen Sie eine realistische Dauer, innerhalb derer das Ziel erreicht werden kann.
- Was ist der Nutzen für den Arbeitgeber?
- Wie sind die Voraussetzungen, wie ist der Markt strukturiert, wer sind die Marktführer?
- Benennen Sie mögliche Umsätze.
- Benennen Sie Kosten (Reisekosten, Materialkosten etc.).
- Welche Voraussetzungen müssen geschaffen werden? Denken Sie zum Beispiel an Logistik und Warenbeschaffung.
- Berechnen Sie, wie schnell und wie sehr es sich lohnt, Sie als Mitarbeiter für die Realisierung des Plans einzustellen.

Entwerfen Sie einen Business-Plan nicht im ersten Schritt. Suchen Sie zunächst ein Gespräch, klären Sie Interesse und Verantwortlichkeit. Bieten Sie dann erst den Plan an.

Meine Erfahrung

Ich habe im zweiten Schritt, nach einem ersten Kontakt per Telefon, einen Business-Plan nachgelegt. Hier habe ich deutlich gemacht, welches Potenzial im polnischen Markt steckt. Der Plan hat den Vorstand restlos überzeugt. Dabei habe ich sogar alles so gedreht, dass eine Tätigkeit im Home-Office möglich wurde. Jetzt arbeite ich im sechsten Monat an der Realisierung. Ich reise viel, es ist stressig, ja, aber macht mir auch viel Spaß. Zwei Jahre hat man mir gegeben, aber ich bin sicher, dass ich das Ziel, den polnischen Markt zu erobern, erreichen werde.

Anton, Vertriebsmitarbeiter

Wie Sie Ihr Angebot unterbreiten

Logisch: Es liegt nahe, ein Angebot dann zu unterbreiten, wenn es eine Nachfrage gibt. Diese kann latent (es bewegt sich nichts sichtbar) oder offen sein (Veränderungen sind gewünscht oder sogar ausdrücklich gefordert). Der Pferdefuß bei dieser Selbstverständlichkeit liegt darin, dass der Arbeitgeber noch nicht überzeugt ist, dass er Sie oder überhaupt jemanden braucht. Er ahnt nicht, was Sie für ihn leisten können. Sie müssen ihn erst davon überzeugen. Es sind letztendlich immer emotionale Argumente, auf die es ankommt:

- Jeder Unternehmer möchte mehr Geld verdienen.
- Jeder Unternehmer strebt danach, seinen Gewinn zu optimieren.
- Jeder Unternehmer möchte mehr Erfolg.
- Jeder Unternehmer möchte besser sein als der Wettbewerb.
- Jeder Unternehmer legt Wert auf gesellschaftliche Anerkennung.
- Jeder Unternehmer legt Wert auf Anerkennung durch die Öffentlichkeit, vor allem in seiner Region.
- Manche Unternehmer möchten expandieren.
- Manche Unternehmer möchten als sozial und familienfreundlich angesehen sein.

- Und: Auch jeder Abteilungsleiter möchte und muss das umsetzen, was die Unternehmensspitze von ihm erwartet.

Diese Erwartungen zu kennen ist Ihr entscheidender Wettbewerbsvorteil. Ermitteln Sie, welche Wünsche und Bedürfnisse bei Ihren Traumunternehmen eine Rolle spielen. Dazu müssen Sie zunächst möglichst viel über die Firma und den Firmenchef in Erfahrung bringen. Lesen Sie Berichte über das Unternehmen in den örtlichen Tageszeitungen oder Wochenblättern. Hören Sie sich um: Wer kennt den Chef, seine Mitarbeiter, das Unternehmen und kann Ihnen aus dieser Warte etwas darüber sagen?

Diesem Unternehmen möchte ich ein Angebot machen: ____________

____

Das sind die aktuellen Wünsche und Bedürfnisse des Unternehmens:

1. ____
2. ____
3. ____

Meine Erfahrung

Die Müller GmbH war in den Tageszeitungen kaum präsent. Erwähnt wurde immer nur ihr direkter Konkurrent, der sich auch für Kindergärten und Museen in der Umgebung engagiert und außerdem als Sponsor bei Sportveranstaltungen auftritt. Ganz offensichtlich betrieb die Müller GmbH eine schlechte Öffentlichkeitsarbeit. Hier setzte ich an. Ein erstes Telefonat hatte nur das Ziel, einen persönlichen Termin beim Inhaber zu bekommen. Das gelang. In diesem Gespräch schärfte ich sein Problembewusstsein, zeigte langfristige Folgen schlechter Öffentlichkeitsarbeit, aber vor allem die Chancen auf, die sich kurzfristig und langfristig ergeben, wenn die Aufgabe von mir übernommen würde. Der Inhaber dachte nach und gab mir einen Projektauftrag für sechs Monate; ich hatte ihn darauf hingewiesen, dass man so viel Zeit ansetzen muss, bis erste Resultate zu sehen sind. Heute ist das Unternehmen einer meiner drei großen Kunden.

Ich wurde sogar gefragt, ob ich mir nicht eine Festanstellung vorstellen könnte, aber mir war die freiberufliche Arbeit immer lieber.

Peter, 47 Jahre

Angebote per Telefon oder E-Mail?

Sie sollten den ersten Kontakt telefonisch herstellen, wenn Sie am Telefon überzeugend sind, außerdem den für Sie relevanten Gesprächspartner leicht und direkt ermitteln und dann telefonisch erreichen können. Er oder sie sollte auf einer höheren Ebene stehen, am besten also ein Abteilungsleiter oder gleich der Geschäftsführer sein. Oft ist auch der Weg über eine E-Mail sinnvoll, etwa wenn Sie einen vielbeschäftigten Geschäftsführer ansprechen möchten. Um die E-Mail-Adresse zu erhalten, hat sich folgende Vorgehensweise bewährt:

1. Finden Sie den Namen des Ansprechpartners heraus, z. B. über Xing, vielleicht auch über die Website des Unternehmens. Geschäftsführer müssen im Impressum aufgeführt sein, so haben Sie stets Vorname und Nachname.
2. Die typische E-Mail-Adresse lautet vorname.nachname@unternehmen.de. Wenn Sie die Struktur der Mail-Adressen nicht kennen, setzen Sie Varianten wie nachname@ oder erster Buchstabe Vorname und Nachname in das BCC-Feld.
3. Die Wahrscheinlichkeit, dass die E-Mails passend ankommen, liegt bei 99 Prozent. In E-Mail-Programmen wie Outlook oder Thunderbird können sie die Funktion Übermittlungsbestätigung aktivieren, sodass Sie über die »Mail Delivery«, also die Rückläufer, erfahren, welche Adressen falsch waren.
4. Wenn Sie nach drei Tagen keine Antwort erhalten, fassen Sie nach.

Telefonieren hat natürlich Vorteile, und spätestens nach dem ersten Mail-Kontakt sollten Sie zum Hörer greifen.

Das klingt dann vielleicht so:

»Guten Tag. Karin Schulz. Hätten Sie eine Minute Zeit für mich?«

»Eigentlich nicht. … Worum geht es?«

»Nur kurz, ich will Sie gar nicht aufhalten. Ich finde Ihr Unternehmen ganz toll und möchte Ihnen etwas anbieten, was Sie sicher interessiert.«

»Hm, was denn?«

»Ich würde das gerne persönlich besprechen. Sind Sie morgen da? Nur ganz kurz, ich will Ihnen etwas zeigen.«

»Was wollen Sie mir denn verkaufen?«

»Nichts, ich habe nur eine Idee, die Sie ganz sicher weiterbringt. Haben Sie am 25.6. um 16 Uhr kurz Zeit für mich? Ganz unverbindlich. Ehrlich, es geht nicht um Staubsauger oder anderes, was Sie nicht brauchen.«

»Nun gut, dann lass ich mich mal überraschen «

Angebote per Brief

Immer nur E-Mails? Ein altmodischer Brief in Papierform kann da überraschen. Weniger ist auch hier mehr, denn rechnen Sie nicht damit, dass alles, was per Post eingeht, auch gelesen wird – und bei der richtigen Person landet. Sie müssen also mit Tricks arbeiten, um auf sich und Ihr Angebot aufmerksam zu machen. Wenig Text, kleine Häppchen, viel Struktur: Reduzieren Sie Ihren Brief auf die absolut wesentlichen Inhalte.

Betonen Sie wichtige Aussagen. Nutzen Sie in jedem Fall die persönliche Ansprache. Damit der Brief auch wirklich nur vom Entscheider und nicht etwa von seiner Sekretärin gelesen wird, kennzeichnen Sie ihn als »persönlich«. Wenn Sie sich in Ihrem Schreiben auf interne Informationen beziehen (siehe das folgende Beispiel), sollte Ihre Kontaktperson im Unternehmen davon wissen und mit diesem Vorgehen einverstanden sein.

Achten Sie sorgfältig auf die Gestaltung Ihres Schreibens. Ihr Brief ähnelt einem klassischen Mailing, wenn Sie die Betreffzeile und ein PS geschickt nutzen. Denn diese beiden Elemente sind hier wie dort entscheidend und werden vom Adressaten zuerst »gescannt«, bevor – wenn die Blickfänger interessant genug waren – der Rest genauer gelesen wird.

Lassen Sie Ihr Angebot nicht einfach sang- und klanglos verhallen. Kündigen Sie schon im Brief an, dass Sie sich melden werden. Eine Variante: Entwickeln Sie eine Dramaturgie, die sich beispielsweise über drei Briefe erstreckt. Schildern Sie etwa im ersten Brief das Problem, im nächsten die Lösung und sagen Sie im dritten, was Sie konkret zur Lösung beitragen können. Marketingexperten setzen an dieser Stelle auf ein Response-Element: Der Leser kann beispielsweise über ein Fax-Formular weitere Informationen anfordern oder um einen Gesprächstermin bitten. Behalten Sie jedoch im Hinterkopf, dass Menschen – zumal viel beschäftigte, die unter keinem Handlungszwang stehen – oft sehr schwer dazu zu bewegen sind, selbst aktiv zu werden. Das muss nicht bedeuten, dass kein Interesse vorhanden wäre. Aber manchmal ist der Tag so voller Eindrücke und Aufgaben, dass der kurze Gedanke »Das ist aber eine tolle Idee, vielleicht kann ich den/die brauchen« sofort vom Alltag überdeckt wird. Rufen Sie an, um nochmals auf Ihr Angebot zu sprechen zu kommen. Vereinbaren Sie dann einen persönlichen Kennenlern-Termin. Diese Form der Angebotsstrategie nennt sich auch Zielgruppenkurzbewerbung. Sie funktioniert vor allem dann, wenn Sie wirklich etwas Interessantes anbieten können.

Elektro Boss GmbH & Co. KG
Geschäftsleitung
Herrn Stefan Dumpernickel persönlich
Bossweg 6, 87633 München

Angebot: Effiziente Auftragsbeschaffung ohne Risiko für Sie

Sehr geehrter Herr Dumpernickel,
schon seit Monaten warten Sie auf die endgültige Zusage zu einem wichtigen und Weichen stellenden Auftrag. Dies habe ich von einem Insider erfahren. Ich erfuhr auch, dass Sie keine neuen Mitarbeiter einstellen wollen, bis dieser Auftrag endlich durch ist, danach aber sicher Bedarf hätten. Ich möchte Ihnen anbieten, Ihnen kurzfristig ganz neue lukrative Aufträge zu beschaffen.
Seit vielen Jahren im Elektro-Großhandel tätig, weiß ich von Grund auf, wie das Geschäft funktioniert. Und ich bin sicher, Sie bei der Akquisition erfolgreich unterstützen zu können. Zudem helfen mir sehr gute Kontakte in die Volksrepublik China und nach Hongkong – sowie meine Sprach- und Landeskenntnisse.

Geben Sie mir drei Monate Zeit – am Ende werden Sie von mir und meinen Leistungen überzeugt sein. Für meinen Aufwand erwarte ich lediglich eine Aufwandsentschädigung von 1 000 Euro monatlich sowie eine frei verhandelbare Provision. Mein schönster Lohn aber liegt in einer Festanstellung oder einem Zeitvertrag, wenn ich Sie durch meine Arbeit von mir überzeugen konnte. Um einen persönlichen Termin mit Ihnen abzusprechen, werde ich Sie in den nächsten Tagen anrufen. Bis dahin verbleibe ich Ihr

Ralf B.

Mündliche Angebote mit Präsentation

»Nein! Wir brauchen Sie nicht!« Wer so etwas am Telefon vernimmt, wird geneigt sein, aufzugeben. Das ist die falsche Reaktion – denn fast jedes Nein lässt sich umwandeln in ein Ja. Betonen Sie, dass Ihr Angebot unverbindlich ist, dass das Gegenüber etwas ganz Entscheidendes verpasst, wenn es Sie einfach so – etwa zur Konkurrenz – ziehen lässt. »Ihnen entsteht kein Risiko. Geben Sie mir zehn Minuten, um Sie zu überzeugen.«

Aber auch ohne ein Nein kann eine Präsentation das geeignete Medium sein, den Wunscharbeitgeber zu überzeugen. Der Aufhänger dabei ist stets der Nutzwert für diesen, das sollten Sie im Kopf behalten. Bauen Sie eine Dramaturgie in Ihre Präsentation ein und schaffen Sie Raum für Dialog.

Meine Erfahrung

Ich bin seit mehr als zehn Jahren in der Autobranche beschäftigt. Nachdem ich meinen eigenen, neben dem Studium betriebenen Autohandel aufgegeben hatte, arbeitete ich mehr als fünf Jahre als Key Account Manager bei einem der bekanntesten Internetportale. In dieser Zeit lernte ich, wie sich das Internet zur Kontaktanbahnung und für den Kundenservice nutzen lässt. Ich erkannte, was Präsenzhändler falsch machen und gewann klare Vorstellungen davon, wie diese ihren Umsatz mithilfe des Internets steigern können beziehungsweise ihren Gewinn optimieren würden. Ich entwickelte Präsentationen für verschiedene große Autohäuser. Dort zeigte ich, mit wie wenig (Geld-)Einsatz sich das Potenzial des Internets ausschöpfen lässt, wo Möglichkeiten liegen und wie ich mir die Umsetzung vorstelle. Nach drei Monaten Überzeugungsarbeit fragte mich ein Geschäftsführer: »Würden Sie auch Autos verkaufen, wenn Not am Mann ist? Einen Internetmitarbeiter kann ich nicht bezahlen. Aber einen Verkäufer, der auch fürs Internet zuständig ist – warum nicht Wenn ja, dann können Sie am Ersten loslegen.« Das habe ich dann getan.

Peter, Betriebswirt und Ex-Unternehmer

Auch in Bereichen, in denen es auf das Talent des Anbieters ankommt, ist eine Präsentation eine gute Möglichkeit, ins Spiel zu kommen. Gerade Bewerbern, denen formale Abschlüsse und nachweisbare Berufserfahrungen fehlen, begegnen die Entscheider häufig mit (manchmal berechtigten) Fragezeichen. In so einer Situation sollten Sie sich auf das Zeigen und Vorführen konzentrieren. Demonstrieren Sie Ihrem Gegenüber, dass Sie nicht nur etwas behaupten, sondern auch beherrschen. Fragen Sie sich: Lässt sich konkret zeigen, was Sie in dem Unternehmen durch Ihre Mitarbeit bewegen können? Können Sie Arbeitsproben bündeln und als eindrucksvolles Paket präsentieren?

Doch auch für Nicht-Kreative kann sich eine Demonstration lohnen – etwa für Vertriebler, Trainer und Lehrer. Sie können zigmal schreiben und versichern, was für ein toller Vertriebler, Coach oder Dozent Sie sind – ohne die entsprechenden Nachweise und ohne dass der Entscheider Ihre Fähigkeiten erlebt, bringt all das wenig. Damit Sie die Chance erhalten, gehört und gesehen zu werden, müssen Sie sich etwas einfallen lassen. Bieten Sie etwa ein kostenloses Schnuppertraining an. Oder, um beim Vertriebsbeispiel zu bleiben: Vereinbaren Sie einen Verkaufstag ohne Gehalt – dann können Sie vor Zeugen belegen, wie begabt Sie darin sind, Autos, Töpfe oder Kosmetik an den Mann oder die Frau zu bringen.

Die Angebotsstrategie Schritt für Schritt

1. Ermitteln Sie Ihre Wunscharbeitgeber.
2. Bringen Sie in Erfahrung, welche Probleme diese aktuell haben, warum sie nicht einstellen oder keinen Mitarbeiter für die Position suchen, die Sie interessiert.
3. Was fehlt dem Arbeitgeber, um erfolgreicher und effizienter arbeiten zu können? Was können Sie bieten? Überlegen Sie sich, wie sich Probleme mit Ihrer Hilfe lösen lassen.

4. In welche Art von Angebot können Sie Ihre »Lösung« verpacken?
5. Entscheiden Sie sich für den telefonischen oder persönlichen Weg, für eine Demonstration Ihrer Fähigkeiten oder eine Präsentation mit Argumenten und Folien.
6. Haken Sie nach. Niemand sagt sofort Ja, wenn ihm ein Angebot präsentiert wird. Er braucht Bedenkzeit oder mehrere Anläufe und Gespräche, bis er vollends von Ihnen als Mitarbeiter überzeugt ist.

Die Community-Strategie – »Ich werde Teil einer Gemeinschaft«

Ob bei Facebook oder Pinterest: Überall finden sich Communitys. Eine Community ist eine Online-Gemeinschaft aus Menschen, die an einem speziellen Thema oder bestimmten gesellschaftlichen, wirtschaftlichen, technischen oder politischen Fragen interessiert sind. Diese Menschen diskutieren miteinander, teilen Informationen und »liken« Bilder und Beiträge. Vielleicht sind sie auch in Foren aktiv oder betreiben ehrenamtliche Internetprojekte.

Die Community-Strategie setzt darauf, dass Sie entdeckt werden. Sie ist nicht nur die ideale Strategie für alle internetaffinen Jobsucher, sondern auch ausgezeichnet für die eher latente Jobsuche geeignet. Mit der Community-Strategie nutzen Sie das Netz, um sich für einen Bereich zu empfehlen, den Sie beruflich bisher nicht abdecken. So wie der Webdesigner, der ein Portal zur Personaldiagnostik aufbaute und sich dadurch für diesen Bereich als Mitarbeiter empfahl. Im technischen Bereich sind Communitys sehr verbreitet. Wer sich als Entwickler profilieren möchte, sollte sich einfach in den richtigen Foren anmelden und dort zeigen, was er oder sie fachlich kann. Es ist nicht abwegig, dass man über andere Forumsmitglieder an neue Jobkontakte kommt oder dass man sogar von Arbeitgebern direkt angesprochen wird. Ist das nicht der Fall oder haben Sie einen Wunscharbeiter, auf den Sie sich konzentrieren möchten, sollte die Community-Strategie darauf hinauslaufen, sich dahin zu begeben, wo der bewusste Traumarbeitgeber auch sucht (etwa auf der Fansite bei Facebook).

Meine Erfahrung

Ich betreibe ein Forum im Internet, das sich mit einer Open-Source-Software beschäftigt. Daneben bin ich Geschäftsführer einer GmbH im Süden Deutschlands. Wir rekrutieren interessanten Nachwuchs – in der Regel Programmierer – immer über unser Forum. Dabei ist es uns wirklich gleich, welchen Background derjenige hat, und auch das Alter spielt keine Rolle. Wir sehen, was er kann – und nur das ist für uns interessant.

Uwe, GmbH-Geschäftsführer

Für wen sich diese Strategie eignet

Die Community-Strategie eignet sich für alle, die einen starken Schwenk beabsichtigen und das Internet nutzen wollen, um stärker in Erscheinung zu treten. Das kann über einen Blog geschehen oder über Twitter, am besten quer über alle sozialen Medien. Die Einrichtungsberaterin kann sich über Pinterest profilieren, weil sie hier viel mit Fotos und Bildern arbeiten kann. Der Immobilienexperte nutzt Twitter, um sein Wissen zu zeigen. Und der Rechtsanwalt engagiert sich mit einem Blog zum Thema Social-Media-Recht, um sich hier einen Namen zu machen.

Wann diese Strategie wirkt

Die Community-Strategie ist eine langfristig wirkende Strategie – wann und wie genau sich Ihr Engagement jobmäßig auszahlt, können Sie vorher nicht wissen, vor allem dann nicht, wenn Sie darauf setzen, erst einmal ein Renommee in einem neuen Fach aufzubauen. Gut möglich, dass es ein, zwei Jahre dauert, bis die Falle zuschnappt und Sie auf diesem Weg einen Job bekommen. Die Jobsuche sollte nicht im Vordergrund stehen, sondern vielmehr Ihr Spaß daran, mitzumischen und sich einzusetzen.

Meine Erfahrung

Ich habe einen Modeblog für eine spezielle Zielgruppe aufgebaut. Anfangs wusste ich nicht, wohin mich das führt. Ich fand das Thema spannend und habe parallel einfach wahnsinnig viel gelernt, zum Beispiel über Auswertungen von Websites und über Marketing. Ich habe Partnerschaften initiiert und Kooperationen geschmiedet, lernte Videoschnitt und Bildbearbeitung, alles im Doing und nebenbei. Irgendwann hatte ich 2 000 Follower bei Twitter und mehr als 1 000 Fans bei Facebook. Da wurden Unternehmen auf mich aufmerksam. Heute berate ich Unternehmen bei der Vermarktung ihrer Angebote in den sozialen Medien.

Anne, 53 Jahre

Meine Erfahrung

Mein Blog richtet sich ans Management. Ich habe ihn neben dem Studium aufgebaut und vermarktet. Darüber bin ich in Kontakt mit verschiedenen Unternehmensberatungen gekommen. Eine hat mir dann ein Angebot als Berater gemacht.

Timo, 28 Jahre

Welche Risiken diese Strategie birgt

Das größte Risiko besteht darin, dass Sie unentdeckt bleiben. Das ist aber sehr unwahrscheinlich, wenn Sie es schaffen, positiv wahrgenommen zu werden – somit liegt wiederum fast alles in Ihrer Hand. Ein weiteres Risiko ist, dass Sie nicht dann »geworben« werden, wenn Sie es beruflich nötig haben, sondern in »guten« Zeiten. Die zeitliche Wirkung der Community-Strategie lässt sich leider nur sehr begrenzt steuern. Trotzdem: Immer wieder Jobangebote zu bekommen, tut gut, auch wenn Sie sie nicht annehmen – oder etwa nicht?

Der Kostenlos-Gedanke

Im Internet ist vieles kostenlos. Und es herrscht in der Regel das Prinzip, Dinge erst einmal ohne Bezahlung anzubieten, bevor man damit Geld verdient. Fast alle Start-ups beginnen, indem sie etwas anbieten, was Nutzer einfach ausprobieren können. Google ist auf diese Weise groß geworden, und auch Facebook rentiert sich erst in letzter Zeit. Guerilla-Bewerber profitieren ebenfalls vom Kostenlos-Gedanken: Erst mal geben, der Rest kommt meist von allein. Auch ich verschenke sehr viel im Internet. Im Endeffekt hat mir das mehr gebracht, als es mich gekostet hat – an Zulauf durch Kunden.

Open Source

Dieser Gedanke schlägt sich auch in der Idee von Open Source nieder. Sicher kennen Sie das wohl bekannteste Open-Source-Projekt Linux, auch wenn Sie selbst es nicht anwenden. An der Fortentwicklung von freier Software, offenen Texten und Design darf jeder mitwirken, der kompetent ist oder sich so fühlt. Open Source ist aber auch eine Geisteshaltung, die die Freiheit der Meinungsäußerung im Netz propagiert. Jeder kann in Foren und Chats mitreden, Dinge und Entwicklungen vorantreiben, und zwar aus purem Engagement und weil es der Sache dient. So arbeitet die US-Firma Mozilla, die zum Beispiel für den Browser Firefox verantwortlich ist, ausschließlich mit ehrenamtlichen Entwicklern und auch Vermarktern. Diese reihen sich in Arbeitsgruppen ein, in die sie ihre Ideen einbringen und in denen sie entsprechende Maßnahmen entwickeln. Die Firma Google hat zwei dieser ehrenamtlichen Entwickler vom Fleck weg eingestellt – völlig unabhängig vom Lebenslauf und ohne solch vermeintlich relevanten Dingen wie Alter, Aus- und Vorbildung und so weiter sonderlich viel Beachtung zu schenken. Solche Jobgeschichten passieren auch in Deutschland täglich. Wer beweist, dass er etwas besonders gut kann, braucht keine Ausbildungsnachweise mehr, sondern wird einfach »gecastet«. Die einzige Voraussetzung ist, dass Sie sich mit dem richtigen Thema ins Blickfeld der richtigen Leute begeben.

Überlegen Sie nun: In welchem Themenumfeld könnten Sie sich einbringen? Ist es der Bereich Software, Text, Design, Diskussion/ Meinungsbildung, Marketing, Kultur ...?

Mein Thema/Meine Themen:

____

Auf welchen Webseiten könnten Sie sich einbringen? Wo gibt es aktive Foren mit Boards, die vermutlich auch von Entscheidern gelesen werden? Webseiten, die infrage kommen:

1. www. ____
2. www. ____
3. www. ____
4. www. ____
5. www. ____

Fragen, mit denen Sie sich absichern:

- Für welche Leistungen wollen Sie von außen wahrgenommen werden?
- Was müssen Sie tun, um in Erscheinung zu treten? Wie oft müssen Sie aktiv werden, in welcher Form, über welchen Zeitraum?
- Auf welchen Plattformen wollen Sie sich zeigen (Internetseiten)?

Eine kleine Auswahl von Adressen soll Ihnen einen Einblick in die weite Welt der Open-Source- und Community-Bewegung geben. Wo und wie Sie sich engagieren, bleibt Ihnen und Ihren Kernkompetenzen überlassen. Verstehen Sie die folgende Auflistung daher nur als Anregung.

- Wikipedia (*www.wikipedia.de*): ein Lexikon, das allein von den Beiträgen der ehrenamtlichen Autoren lebt.
- Firefox (*www.spreadfirefox.com*): Ein Internet-Browser mit klugen Marketingideen, an denen eine gesamte Community arbeitet (Englisch).

- Open Office (*www.openoffice.org*): Dieses Programmpaket ist eine Alternative zu Microsoft Office. Und jeder darf daran mitschreiben und es weiterentwickeln.

Meine Erfahrung

Ich habe mich im Netz überall beteiligt, schon während des Studiums war ich in allen relevanten Foren zum Suchmaschinenmarketing aktiv. Mein Nickname war bald bekannt und meine Meinung gefragt. Aus meiner Identität machte ich keinen Hehl. Ich war leicht zu finden und bekam irgendwann das Angebot eines Unternehmens für Seminarbedarf. Hier sollte ich das komplette Marketing aufbauen, mit besonderem Fokus auf den Suchmaschinen. Bei dieser Firma bin ich nun seit zwei Jahren. Wir sind insgesamt 15 Leute. Dass ich weiterhin in den Foren aktiv bin, stört keinen. Neulich habe ich dem Marketingleiter eines Konzerns gemailt, der meinen Namen kannte. Demnächst wollen wir uns zusammensetzen. Was daraus wird, weiß ich nicht. Mich freut es aber zu spüren, dass meine Meinung offenbar zählt.

Hans, 39, Online-Marketingexperte

Selbst etwas aufbauen

Nicht mitmachen, sondern selbst machen – das ist eine andere, nicht minder wirkungsvolle Methode im Netz. Firmen, die sich eine Weile am Markt bewährt haben, sind irgendwann attraktiv genug, um von größeren Unternehmen gekauft zu werden. Privatpersonen, die ein Portal oder eine Community aufbauen, sind irgendwann interessant genug, um von Firmenchefs als Mitarbeiter angesprochen zu werden. Je mehr Sie bei Ihrer Aktivität mit Ihrer Branche zusammenwachsen, desto mehr geraten Sie ins Blickfeld. Betreiben Sie ein Portal für Angler, werden Sie damit automatisch zu einem ernst zu nehmenden Gesprächspartner für Unternehmen, die Anglerbedarf und Köder entweder herstellen oder vertreiben. Auch das braucht Zeit, aber denken Sie daran: Alles, was Sie tun, qualifiziert Sie letztendlich auch für den Job. Zeiten der Arbeitslosigkeit können durch ein solches Engagement ideal überbrückt werden. Und wenn Sie heute keine neue Position brauchen, kann es schon morgen anders aussehen. Kommt Spaß an der Sache hinzu, besitzen Sie die besten Voraussetzungen, um erfolgreiche Projekte ins Rollen zu bringen.

Zu welchem Thema könnten Sie ein neues Angebot im Internet etablieren?

____

Was müssen Sie tun, um Ihre Idee zu realisieren?

1. ______________________________________
2. ______________________________________
3. ______________________________________
4. ______________________________________
5. ______________________________________

Was müssen Sie tun, um Ihre Idee bekanntzumachen und Forumsmitglieder – darunter auch Großkaliber, also potenzielle Arbeitgeber – zu gewinnen?

1. ______________________________________
2. ______________________________________
3. ______________________________________
4. ______________________________________
5. ______________________________________

Fragen, mit denen Sie Ihre Idee auf sichere Füße stellen:

- Ist das Thema noch unbesetzt oder beschäftigt sich bereits jemand damit?
- Welche Experten haben sich im Umfeld des Themas einen Namen gemacht?

- Wie können Sie sich von ihnen inhaltlich und/oder persönlich abgrenzen?
- Welchen persönlichen Gewinn haben Sie von Ihrer Idee?

Die Community-Strategie Schritt für Schritt

1. Entscheiden Sie sich für ein Thema, zu dem Sie hundertprozentig stehen können (z. B. Technik, Kultur, Musik, Software, Politik, Gesellschaft).
2. Kombinieren Sie dies mit einer Funktion, in der Sie aktiv werden möchten (z. B. Konzeption, Programmierung, Text, Design, Foto, Sound, Video).
3. Wählen Sie ein Umfeld, in dem Sie sich wohl fühlen (z. B. Werbeszene, Ökobereich, Künstler).
4. Analysieren Sie Webseiten, die für Sie interessant sind.
5. Überlegen Sie, wie Sie sich einbringen könnten, etwa durch aktive Mitarbeit, Mitentwicklung oder Mitdiskussion.
6. Überlegen Sie, ob Sie gegebenenfalls selbst etwas aufbauen können (z. B. einen Blog, ein Forum usw.).
7. Stürzen Sie sich mit Spaß und Engagement und dem Wunsch, etwas gut und besser zu machen, in die Arbeit.
8. Achten Sie darauf, dass andere Sie bemerken und dass Sie immer leicht zu finden sind.
9. Bauen Sie Kontakte auf und kommunizieren Sie oft mit Community-Mitgliedern.
10. Der Rest kommt (meist) von allein.

Zum Abschluss dieses Kapitels ein Überblick über die wichtigsten sozialen Netzwerke:

Was?	Besonderheit	Für wen	Adresse
Twitter	Kurznachrichten-dienst	Alle, die viel zu sagen haben	www.twitter.com
Facebook	Soziales Netzwerk für jeden	Alle, die viel teilen wollen	www.facebook.com
Google+	Soziales Netzwerk für Meinungsführer	Alle, die Vorreiter sein wollen	www.google.de
Pinterest	Soziales Netzwerk für Visuelle	Alle, die viele Bilder teilen wollen, Designer, Architekten etc.	www.pinterest.com
Xing	Soziales Netzwerk fürs Business in D-A-CH	Alle, die viele Kontakte aufbauen und in Foren diskutieren wollen	www.xing.de
LinkedIn	Internationales soziales Netzwerk fürs Business	Alle, die international auffallen wollen	www.linkedin.com
Instagram	Fotos teilen	Für alle Visuellen und Spaßvögel	Gratisprogramm für iPod, iPhone etc.

Die Elfenstrategie – »Ich mache mich sichtbar«

Elfen und Guerilla – passt denn das zusammen? Oh ja, denn wie der Guerillero, so handelt auch die Elfe aus dem Hintergrund, wo man sie zunächst nicht sieht. Eine Elfe ist ein Zauberwesen, das Sie nur sehen können, wenn Sie daran glauben. Deshalb habe ich diese Strategie so genannt: Nur wenn Sie an die Methode glauben, werden Sie mit ihr erfolgreich sein. »Ungläubige« machen nach jedem Schritt nach vorne sofort einen zurück. Das Prinzip ist wie immer einfach: Sie begeben sich »undercover« – sozusagen als Elfe – in das Blickfeld eines Unternehmens oder noch besser: ins Blickfeld des Geschäftsführers, Unternehmensgründers oder seiner unmittelbaren Umgebung. Das machen Sie so unauffällig und auf eine derart angenehme und sanfte Weise, wie es nur (männliche und weibliche) Elfen können.

Nähern Sie sich der Firma Schritt für Schritt. Vielleicht fangen Sie mit einem persönlich adressierten Brief an den Firmengründer oder Unternehmensleiter an, in dem Sie zeigen, dass Sie sich mit seinen Interessen und seiner Firma auseinandersetzen, dass Sie seine Werte verinnerlicht haben und jemand sind, der mitdenkt. Daraus ergibt sich eine gewisse Eingrenzung für elfenhafte Maßnahmen: Die Elfenstrategie funktioniert ganz besonders gut bei Unternehmen, die Werte vertreten und sich sozial engagieren. Diese Unternehmen wirken eher offen und nachdenklich, kritisch und menschlich. Vielleicht sind es auch christlich orientierte Unternehmen, das muss aber nicht sein.

Das Prinzip heißt Vertrauen und Glauben. Sie mögen, was Sie kennen. Sie vertrauen dem, den Sie kennen – vor allem dann, wenn diese Person Ihnen vom Wesen und den Zielen her ähnlich ist. Sie trauen dem, der seine Worte in Taten umsetzt und damit zeigt, dass das eine mit dem anderen harmoniert. Sie vertrauen jemandem, wenn Sie das Gefühl haben, dass er oder sie Ihre Werte vertritt. Sie glauben auch, dass diese Person gute Arbeit leistet. Und für all das brauchen sie keinen Beweis: Das ist das Prinzip des Glaubens. Wechseln Sie einmal gedanklich die Rolle und stellen sich vor, Sie seien ein Vorgesetzter. Sie suchen immer Mitarbeiter, denen Sie voll und ganz vertrauen. Schließlich wollen Sie, dass diese Mitarbeiter das Richtige tun und Dinge so vorantreiben, wie Sie es wünschen. Die schriftlichen Unterlagen allein sagen dem Chef noch nicht, ob es sich um solche Mitarbeiter handelt.

Solche Mitarbeiter muss man »erfahren« und erleben. Sie sind auf einem Blatt Papier, einer Mappe – kurzum mit bloßem Auge – nicht zu erkennen. Bei der Elfenstrategie sieht der Entscheider den Menschen. Er lernt ihn erst einmal aus der Entfernung kennen und dann immer ein Stückchen mehr. Er lernt, seine Ideen zu schätzen. Der Lebenslauf wird, so gesehen, unwichtig, unscharf. Das Vertrauen in den Menschen und seine Arbeit ist schließlich schon da. Und das ist wichtiger als alles andere.

Für wen sich diese Strategie eignet

Diese Herangehensweise ist etwas für alle Multitalente mit breiten Kenntnissen und Erfahrungen, die vielseitig einsetzbar sind. Besonders gut eignet sich diese Strategie für Bewerber, die sich in einem sozialen Unternehmen aufgehoben fühlen und sich mit Produkt und Firmenphilosophie identifizieren müssen, um für sich selbst Zufriedenheit zu gewinnen. Das allerdings ist oft eine Erkenntnis, die erst im Laufe des Berufslebens reift – insofern spricht die Elfenstrategie vermutlich vor allem auch erfahrenere Menschen an. Dabei lässt sie sich in unterschiedlicher Anwendungsform sowohl von

Akademikern als auch von kaufmännischen Mitarbeitern und sogar handwerklich oder künstlerisch arbeitenden Menschen nutzen.

Meine Erfahrung

Von dem Projekt hatte ich in unserer Tageszeitung gelesen. Die Stadt, in der ich wohne, sollte touristisch vermarktet werden. Stadtmarketing – das war schon immer mein Traum. Allerdings gibt es nichts in meinem Lebenslauf, was fachliche Kompetenz auf diesem Gebiet belegt. Mein Wissen habe ich lediglich aus der Beobachtung gezogen und viel über das Thema gelesen. Außerdem bin ich sehr kreativ und entwickle gerne Ideen. Diese Ideen habe ich dann den Initiatoren des Projekts in einer E-Mail zugeschickt. Damals war noch niemand dafür angestellt, die Pläne umzusetzen. Alles schwirrte erst in den Köpfen. In dieser frühen Projektphase schaffte ich es aber, durch mein Ideenscript zum Workshop eingeladen zu werden. Da lernte ich alle relevanten Personen kennen, inklusive dem Bürgermeister.

Ich habe mich nach dem Seminar immer wieder bei verschiedenen Stellen per E-Mail in Erinnerung gebracht, neue Ideen verbreitet, immer mal wieder mit den Verantwortlichen auch persönlich gesprochen. Als dann eine Stelle für Stadtmarketing genehmigt wurde, war ich der Erste, der angesprochen wurde, denn jeder, der in das Projekt involviert war, kannte mich. Das Ganze hat übrigens knapp ein Jahr gedauert.

Markus, 44 Jahre

Wann diese Strategie wirkt

Die Elfenstrategie zieht nicht von heute auf morgen, sie braucht Zeit und muss reifen, wie guter Wein. Gehen Sie das Ganze locker an und sehen Sie es auch ein wenig als Strategiespiel, bei dem jeder Zug genau überlegt werden muss. Das macht Spaß und ist spannend. Es erleichtert auch die Wartezeit, denn bis vom Wunschunternehmen etwas kommt, können Wochen und Monate vergehen.

Welche Risiken diese Strategie birgt

Bei der Elfenstrategie nehmen Sie mehrmals Kontakt auf, und zwar auf ungewöhnliche Weise. Sie schreiben E-Mails, Faxe, Briefe an Entscheider und rufen auch schon mal persönlich an. Dabei ist nie von Bewerbung die Rede. Sie machen auch kein Angebot. Sie kommunizieren lediglich über ein Thema, geben Ideen wieder, machen Verbesserungsvorschläge, leiten Nachrichten weiter … Das Risiko liegt in dem Thema, um das es Ihnen geht. Sie müssen authentisch, sympathisch und vertrauenswürdig wirken. Sie müssen den anderen zum Nachdenken bringen und sich selbst in seinem Kopf verankern. »Aha, da ist wieder etwas von Herrn Müker. Der lässt sich ja wirklich etwas einfallen« – so oder ähnlich denkt der umgarnte Firmenchef im Idealfall. Es gehört allerdings sehr viel Fingerspitzengefühl dazu, sich auf dieser Ebene sicher zu bewegen. Die größte Gefahr liegt deshalb darin, auf die falschen Themen zu setzen und damit zu nerven. Außerdem sollten Sie stets darauf bedacht sein, Ihrem Gegenüber nicht lästig zu werden – wenn das geschieht, hat sich die Strategie als kompletter Fehlschlag erwiesen. Denken Sie daran, wie Sie selbst auf unaufgeforderte Informationen reagieren!

Wie werde ich eine Elfe?

Stellen Sie sich vor, Sie nehmen im Nebel jemanden wahr. Dieser Jemand kommt immer näher, bis Sie sich schließlich von Angesicht zu Angesicht mit ihm unterhalten können. Ihre Aufgabe ist es, in das Sichtfeld der Person einzutreten, die Sie kennen lernen soll. Beispiel: Sie interessieren sich für ein spezielles Unternehmen. Sie recherchieren alles über diese Firma. Dann beginnen Sie, E-Mails zu schreiben, freundliche, kurze Nachrichten, in denen Sie auf aktuelle Entwicklungen oder Informationen hinweisen, die für das Unternehmen relevant sind. Sie verraten nur Ihren Namen, mehr nicht. Das machen Sie immer mal wieder, entweder sehr regelmäßig oder völlig überraschend: erst einmal die Woche, dann einige Wochen nicht, dann innerhalb weniger Tage mehrmals. Es gibt keine standardisierten Vorgehensweisen oder Rezepte. Schließlich lebt diese Strategie von Ihrer Individualität. Für eine Regelmäßigkeit spricht, dass sich der Empfänger an Ihre Meldungen gewöhnt und sich diese merkt. Unregelmäßigkeit schafft eine gewisse Spannung. So schreiben Sie dem Chef beispielsweise zur Abwechslung einen Brief, in dem Sie sich zu erkennen geben und verraten, was Ihnen am Unternehmen so gefällt. Ohne Forderungen, ohne Verbindlichkeiten, einfach so. Vielleicht rufen Sie auch an. Sie sollten die Dramaturgie nur so gestalten, dass ein Handlungswechsel stattfindet. Das ist wie auf einer Bühne: Erst ein Szenenwechsel bringt Spannung. Es kann sein, es ist sogar sehr wahrscheinlich, dass sich die nächste Szene im Büro des Unternehmers abspielt, weil er Sie persönlich kennen lernen und sich ein Bild von Ihnen machen möchte.

Was macht eine Elfe aus?

Sie müssen überzeugt von dem sein, was Sie tun, und dürfen sich nicht für Ihre eigene Aktivität schämen. Sie sollten aber auch offen für das Ergebnis sein. Auch wenn am Ende kein konkreter Job für Sie herausspringt, haben Sie Fürsprecher und Erfahrung gewonnen. Und: Sie hatten Spaß und nette Gespräche. Erst diese Einstellung macht Sie fit für diese Strategie. Andernfalls besteht die Gefahr, sich zu verkrampfen – und dann fallen Sie in ein tiefes Loch, wenn nicht alles so funktioniert wie gewünscht. Die Elfenstrategie bedeutet bei aller Leichtigkeit aber auch Arbeit für Sie. Sie müssen sich sehr auf das Unternehmen konzentrieren und leben eine Zeit lang in einer Parallelwelt. Tauchen Sie nicht zu sehr darin ab. Entwickeln Sie auch für andere Unternehmen Elfenstrategien, sodass idealerweise mehrere parallel laufen. Sehen Sie das ein wenig als Strategiespiel. Sie müssen die cleveren ersten und nächsten Züge planen, um ans Ziel

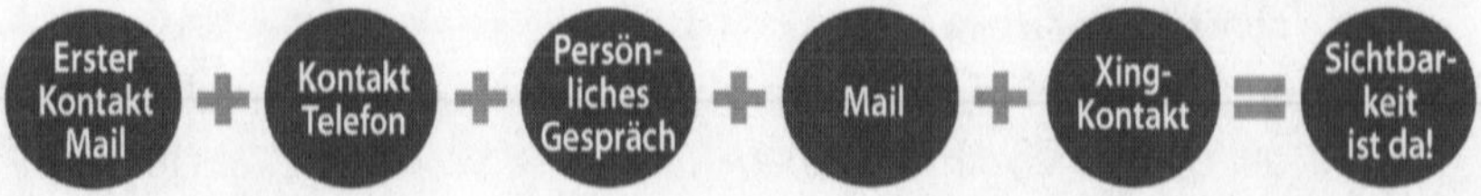

zu kommen. Dafür ist in jedem Fall viel Denkarbeit nötig. Genau das ist aber auch eine tolle Herausforderung und schafft, wenn die Strategie erfolgreich ist, eine enorm große Befriedigung. Es dauert durchschnittlich fünf Kontakte, bis Ihr Gegenüber Sie überhaupt richtig wahrgenommen hat – so wie in der Werbung. Wiederholung ist also zentral bei der Elfenstrategie.

Die Elfenstrategie vorbereiten

Sicher haben Sie bereits ein Unternehmen im Kopf, denn klare Vorstellungen vom Arbeitgeber sind die Voraussetzung, um als Elfe weich zu landen. Sammeln Sie über einen längeren Zeitraum Informationen, bevor Sie aktiv werden. Lesen Sie vor allem auch Interviews mit dem Unternehmer, denn diese machen persönliche Einstellungen meist besonders deutlich. Überlegen Sie dann, was Sie tun und wen Sie kontaktieren können. Wie heißt der Unternehmer? Was sind seine Werte? In welchen Punkten sind Ihre Werte und seine Werte deckungsgleich? Welche Personen im Umfeld haben vermutlich Einfluss auf seine Entscheidungen? Auf welche Art von Ansprache reagieren diese Personen? Über welche Medien sind sie erreichbar?

Die Elfenstrategie umsetzen

Wie gesagt: Jeder muss seinen individuellen Weg finden, sich sichtbar zu machen. Da kann mit ganz normalen, unaufdringlichen Briefen geschehen, deren Besonderheit darin liegt, dass sie nichts fordern, erwarten oder präsentieren. Sie haben ganz allein den Zweck, eine Kommunikation aufzubauen.

Sehr geehrter Herr Simon,
Sie sind als sozial engagierter Unternehmer bekannt, jemand, der nicht nur in die eigene Tasche wirtschaftet und an sich denkt. Es hat mich sehr gefreut, heute Morgen zu lesen, dass Sie sich für die behindertengerechte Umsetzung Ihrer Website einsetzen. Darf ich mir erlauben, Ihnen dazu noch einige Tipps zu geben (…).

Sehr geehrter Herr Simon,
heute Morgen habe ich in einer Ihrer Filiale eingekauft und war wieder einmal positiv überrascht von der Hilfsbereitschaft Ihrer Mitarbeiter. Sie beraten ihre Kunden nicht nur kompetent, sondern auch überaus freundlich (…).

Sehr geehrter Herr Simon,
lange haben Sie nichts mehr von mir gehört. Wundern Sie sich nicht: Ich war auf einer Schulung, um mein Wissen im Bereich Kundenzufriedenheitsmanagement aufzufrischen. Nun habe ich von der Tagung zum Thema »Unternehmer für Mitarbeiter« gehört, auf der Sie Gast sein werden. Gerne würde ich Sie bei dieser Gelegenheit kennen lernen (…)

Sie können aber auch ganz anders vorgehen. Einige Ideen:

- Machen Sie in Briefen auf sich aufmerksam und laden Sie zu einem Vortrag ein.
- Besuchen Sie Seminare und Kongresse, in denen Sie Menschen treffen, die Sie langsam zu Gesicht bekommen sollen …
- Schicken Sie eine Dokumentation Ihrer Recherchearbeit zum Unternehmen. Erarbeiten Sie eine Konkurrenzanalyse, die Sie dem Chef übermitteln. Stellen Sie dabei besonders den Punkt heraus, den Sie an diesem Unternehmen so sympathisch finden (Beispiel: besonders kinder- und familienfreundlich).
- Übergeben Sie dem Firmengründer bei einer öffentlichen Veranstaltung einen Brief, in dem Sie sich beispielsweise für sein Engagement bedanken.

Meine Erfahrung

Nach mehr als zwölf Jahren habe ich einen Auflösungsvertrag unterschrieben. Ich hätte in dem Unternehmen bleiben können, aber es gab keine Perspektiven. Außerdem wollte ich mich auf die Jobsuche konzentrieren. Dieses Mal sollte es ein gutes Unternehmen sein, eines, das sich engagiert und Werte hat. Ich bin schnell auf das richtige gekommen! Der Firmenchef schätzt seine Mitarbeiter und beschäftigt bewusst auch ältere Menschen. Menschlichkeit steht über allem. Ich komme aus dem Bereich Kommunikation und habe gute Kenntnisse im Webdesign. Ich fing an, per E-Mail auf Dinge hinzuweisen, die den Internetauftritt voranbringen würden. Ich brachte nett und freundlich Ideen ein und schrieb manchmal auch nur freundlich »Guten Morgen«.

Lange passierte nichts. Das hat mich schon beunruhigt. Du weißt ja nicht, was mit der E-Mail passiert. Irgendwann rief die Frau des Unternehmers an und fragte, warum ich mich so für die Firma interessiere. Ich sagte ihr, wie sehr ich das Engagement schätzte und überzeugt sei, dass darin ein einzigartiger Wettbewerbsvorteil liege. Kunden kaufen nicht bei irgendwelchen Firmen, sondern bei solchen, denen sie vertrauen. Und dazu gehört mehr als nur ein gutes Preisangebot.

Dann schrieb ich einen langen, mit »persönlich« adressierten Brief an den Inhaber. Das war der Wendepunkt. Ich wurde zu einem Termin gebeten. Parallel dazu hatte ich meine Unterlagen an die Personalabteilung geschickt. Diese kamen postwendend zurück, was mir wieder einmal gezeigt hat, dass ich mit meinem Profil auf normalem Weg keinen Erfolg haben würde. Aber ich war ja eingeladen. An dem Termin nahmen der Unternehmer und seine Frau teil. Wir waren uns sofort sympathisch. Endlich konnte ich »zugeben«, dass ich nichts lieber tun würde, als für diese Firma zu arbeiten. Gemeinsam besprachen wir Möglichkeiten und Einsatzgebiete.

Heute koordiniere ich die Kommunikationsmaßnahmen, bin verantwortlich für Kundenzeitschriften, Anfragen und den Webauftritt. Diese Stelle hat es vorher nicht gegeben. Sie wurde für mich geschaffen.

Christoph, 53 Jahre

Die Elfenstrategie Schritt für Schritt

1. Erstellen Sie eine Liste mit Unternehmen oder Initiativen, bei denen Sie sehr gerne arbeiten würden.
2. Ermitteln Sie den Firmengründer oder Initiator oder einen Entscheider auf hoher und höchster Ebene. Auch die Frau eines Unternehmers oder der Sohn/die Tochter kann Türöffner sein.
3. Finden Sie alles über das Unternehmen und seinen Chef heraus, was Sie im Internet und in Archiven finden können.
4. Erstellen Sie ein Persönlichkeitsprofil des Unternehmers. Was ist ihm wichtig, worauf legt er Wert, welche Ideale verfolgt er?
5. Wie können Sie sich dem Unternehmer nähern – durch einen Brief mit anregenden Gedanken, durch Ideensammlungen oder Zukunftsvisionen?
6. Wie können Sie Ihre Annäherung strategisch gestalten und eine Spannung aufbauen? Beispiel: Ideen streuen, verschiedene Teile einer Idee zu unterschiedlichen Zeiten schicken.
7. Werden Sie aktiv.
8. Warten Sie, bis das Unternehmen aktiv wird. Tut sich nichts, »verschärfen« Sie Ihre Maßnahmen oder erhöhen Sie die Frequenz. Erst wenn über einen längeren Zeitraum – etwa drei Monate – keine Antwort kommt, sollten Sie nachfragen, ob Ihre Anregungen, Gedanken, Ideen bemerkt worden sind.

Die Gesuch-Strategie – »Ich werde gefunden«

Lange Zeit lohnte es sich nicht, selbst Anzeigen aufzugeben. Inzwischen ist das anders – Fachkräftemangel und demografischer Wandel sei Dank. Als richtiger Guerillero denken Sie aber auch dabei von vornherein weiter. Eine Kundin von mir plante, von Hamburg nach Jena umzuziehen, schaute sich genau an, welche Anzeigenblätter in der Region am meisten gelesen werden, und konzipierte eine ganz besonders auffällige Anzeige. Sie arbeitet jetzt dort, wo sie hinwollte.

Das Prinzip der Gesuch-Strategie ist einfach: Sie warten nicht auf Stellenangebote, sondern schalten selber welche. Die sozialen Medien

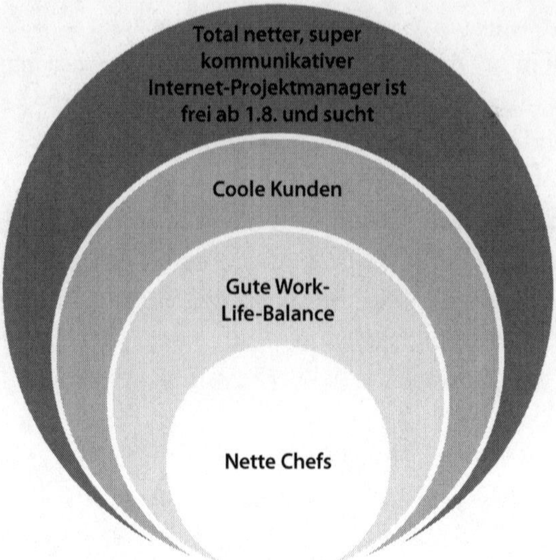

erweitern diese Strategie um einen neuen Aspekt: Das Gesuch kann jetzt auch einfach in das Profil und/oder die Statuszeile bei Xing, LinkedIn und so weiter gesetzt werden oder aber bei Facebook verbreitet werden. Warum nicht ein witziges Gesuch verfassen, dass dann unter Ihren Freunden und im weiteren Kreis geteilt wird? Hierbei macht es Sinn, mit den Mitteln Ihres Genres und des Netzes zu arbeiten: Infografik statt Lebenslauf, ein Youtube-Video oder eine Zeichnung. Gerade Designer und IT-Leute nutzen auch Pinterest, um hier besonders tolle CVs einzustellen, die sich dann von selbst verbreiten. Schönheit allein reicht aber nicht, es muss auch eine Idee dahinterstecken. Ein Beispiel für eine einfache Grafik, die man bei Facebook einstellen kann:

Für wen sich diese Strategie eignet

Die Gesuch-Strategie ist etwas für alle Bewerber, sofern sie ihr berufliches Ziel klar und deutlich definieren können. Sehr gute Erfahrungen mit dieser Strategie haben Hochqualifizierte gemacht, die sich beruflich verändern möchten und dabei nach »unten« orientieren wollen. Solche Berufsgeschichten sind gar nicht mal so selten – sei es, weil der Kandidat mit Mitte 30 festgestellt hat, dass es für Top-Leute auch nur Jobs mit Top-Arbeitszeiten zwischen 9 und 22 Uhr gibt, oder sei es, dass der Markt den erwünschten Job derzeit einfach nicht bietet, die ursprüngliche Branche »dicht« und überlaufen ist. Unter zahlreichen Bewerbern mit Berufserfahrung herrscht eine echte Sehnsucht danach, Tätigkeiten auszuüben, die eigentlich nicht ihrer Qualifikation entsprechen.

Bewerben sich diese Menschen auf Inserate, werden sie automatisch als überqualifiziert aussortiert. Der umgekehrte Weg über ein Gesuch funktioniert jedoch. Stellt sich beispielsweise eine Germanistin mit langjähriger Lektoratserfahrung und guten Organisationsfähigkeiten als »Kompetente Bürokraft« vor, wird zuerst nur diese Bürokraft gesehen. Kommt sie im Vorstellungsgespräch – das bei solchen Positionen in der Regel direkt am Telefon vereinbart wird – auf die berufliche Vergangenheit zu sprechen, wird diese eher als Beiwerk wahrgenommen. Jedenfalls spielt es plötzlich keine negative Rolle mehr. Denn dass die Bewerberin für die Tätigkeit qualifiziert ist, steht fest. Gut geeignet ist die Strategie zudem für Top-Qualifizierte, die eine Top-Stelle suchen. Je klarer umrissen die Kompetenzen sind, desto besser und erfolgreicher wird das Inserat. Auch Menschen mit kaufmännischem Hintergrund kommen per Gesuch in der Tageszeitung nicht selten eher und schneller zum Erfolg als über Bewerbungen.

Meine Erfahrung

Ich bin PR-Beraterin mit fünf Berufsjahren und Studium. In dieser Zeit habe ich mich durch die Agenturen gequält: keine Zeit mehr für Familie, immer unter Strom. Eigentlich war es für mich eine Erholung, als meine alte Firma pleiteging. Ich konnte Luft holen und nachdenken. Vorstellungsgespräche bei Agenturen frustrierten mich. »Arbeitszeiten bis 20 Uhr und am Wochenende sind Sie ja gewohnt.« Ja, das war ich. Ich wollte das alles aber nicht mehr und habe sogar Stellen abgelehnt. Dann versuchte ich mich als Bürokraft umzuorientieren. Arbeiten wollte ich, ein berufliches Zuhause haben, aber bitte im Rahmen. Aber damit kam ich auch nicht weiter: Ich wurde zwar ein paar Mal eingeladen, aber immer kamen die gleichen Argumente, um mich abzulehnen – überqualifiziert, sie wollen doch nicht wirklich länger bleiben?

Dann habe ich ein Inserat im *Hamburger Abendblatt* geschaltet. Es war ein wenig größer als die Standardtexte und sagte ganz klar aus, was ich machen möchte: »Sekretariat/Empfang«. Ich bekam 20 Anrufe und hatte fünf Vorstellungsgespräche. Schließlich nahm mich eine Softwarefirma unter Vertrag. Unbefristet und bei einem Gehalt, das auf einem ähnlichen Niveau lag wie mein früheres. Meinen Lebenslauf hat keiner je gesehen.

Melanie, PR-Fachfrau

Welche Risiken diese Strategie birgt

Ein Risiko der Gesuch-Strategie besteht darin, dass Sie (noch) nicht genug Resonanz erfahren oder die Resonanz nicht den Wunschjob bringt. Überdenken Sie den Text der Anzeige, etwa bei Facebook. Ein weiteres Risiko ist, dass zum Beispiel ein Video nicht witzig, sondern peinlich rüberkommt. Bitte beachten Sie diese Regel: Bevor Sie etwas online stellen, sollten Sie auf jeden Fall die Resonanz darauf testen!

Ein gutes Gesuch texten

Guerilla heißt nicht unbedingt, einen total werblichen Stil nutzen. Manchmal ist weniger mehr. Gerade Designer und andere Kreative verlieren sich oft in der Optik und lassen das Thema Text zu kurz kommen. Oder sie schleifen den Text so, dass er wie eine Werbeanzeige wirkt. Und diese werden nicht ohne Grund wenig beachtet.

- Welche Argumente sind aus Arbeitgebersicht die zentralen für Sie? Sammeln Sie diese und bringen Sie sie in eine Ordnung, nach dem Prinzip »das Wichtigste zuerst«.
- Geben Sie dem Text eine Überschrift, die den Inhalt auf den Punkt bringt. Sagen Sie dann präzise, als was Sie arbeiten möchten. Beherzigen Sie bei der Überarbeitung Ihres Textes folgende Tipps:
  - Wörter wie »Suche« oder Einschränkungen (»nicht …«) haben ebenso wenig Platz wie Füllwörter.
  - Mehrdeutige Aussagen klären.
  - Denksportaufgaben raus, Klarheit rein.

Lassen Sie Ihren Text von Bekannten durchlesen. Ist er wirklich sofort eingängig? Spricht er an? Macht er neugierig? Wählen Sie Adjektive, die Sie gut beschreiben und die nicht so typisch, verbreitet und kraftlos sind wie »teamfähig« und »engagiert«.

Meine Erfahrung

Als Betriebswirt zu arbeiten, das war nie mein Wunsch. Ich habe das einfach studiert, ohne wirklich je vorzuhaben, im Managementbereich tätig zu werden. Deshalb habe ich auch nie einen Abschluss gemacht. Für Zahlen und Text habe ich mich dagegen schon immer interessiert. Mein Traum war es, Geschäftsberichte zu schreiben. Als Geschäftsberichtsschreiber habe ich mich dann in einer Werbezeitschrift dargestellt. Der Abteilungsleiter eines großen Konzerns rief mich daraufhin an, und ich durfte schon nach wenigen Tagen in der internen Kommunikationsabteilung anfangen. Für dieses Unternehmen habe ich 15 Jahre lang gearbeitet. Ich weiß, dass es auch nach mir immer wieder Mitarbeiter auf Gesuche hin angesprochen und eingestellt hat.

Hans, 57 Jahre, Texter

Wo Sie Gesuche schalten sollten

Der Erfolg Ihrer Anzeige steht und fällt mit dem richtigen Publikationsort. Für den einen passt das lokale Wochenblatt (z. B. für Teilzeitjobs, Handwerk), für den anderen die Tageszeitung (kaufmännische Jobs mit hohem Standardisierungsgrad) und für andere das Internet mit seinen sozialen Medien. Auch Branchenblätter können wertvolle Verbreiter Ihres Gesuchs sein. Je spezieller Ihre Ausbildung ist und die Branche, in der Sie sich bewegen, desto eher sollten Sie Ihr Gesuch in einer branchenspezifischen Publikation platzieren.

Meine Erfahrung

Ich habe bestimmt 150 Bewerbungen verschickt, war auch ein paar Mal eingeladen worden – doch persönlich hat es nie geklappt. Entweder war ich zu erfahren oder hatte zu wenig Praxis. Die lange Arbeitslosigkeit hatte mein Selbstbewusstsein angegriffen, und ich stellte mich wohl immer zu negativ dar. Tatsächlich hatte ich das Gefühl, nichts zu können. Ich war schon in Hartz IV abgerutscht, musste umziehen und machte dabei die Erfahrung, dass keiner eine Arbeitslose haben wollte.

Da habe ich in einem letzten Kraftakt alles bewegt – und eine Anzeige geschaltet. Ich wurde siebenmal angerufen und viermal eingeladen. Aus dem Job bei einem Schifffahrtsunternehmen ist dann gleich etwas geworden. Ich habe sogar direkt eine ordentliche Bezahlung erhalten. Die typische Rede von der Überqualifikation – plötzlich wurde ich einfach so genommen, wie ich war: mit meiner kaufmännischen Ausbildung und dem Sprachenstudium.

Hanna, 56 Jahre, Kauffrau

Die Gesuch-Strategie Schritt für Schritt

1. Entscheiden Sie sich, wen Sie mit Ihrem Gesuch erreichen wollen: Freunde bei Facebook, deren Freunde, Xing-Mitglieder oder aber eben die Leser einer bestimmten Zeitschrift oder Besucher eines Portals in einer speziellen Region oder von einem speziellen Fach.
2. Entscheiden Sie sich für eine kreative oder eine normale Anzeige. In beiden Fällen: Ersinnen Sie eine prägnante Überschrift, die sofort aussagt, in welchem Bereich Sie einsetzbar sind, oder die zum Weiterlesen geradezu zwingt.
3. Sammeln Sie drei bis fünf Argumente aus Sicht der Arbeitgeber, die für Sie sprechen, sofern Sie sich mit Ihrem Gesuch direkt an diesen richten. Sagen Sie genau, wonach Sie suchen, wenn Sie zunächst mit Ihren Freunden darüber sprechen.
4. Schreiben Sie einen Text, der entweder witzig ist oder aber ohne die üblichen Worthülsen auskommt.

Die Power-Mail-Strategie – »Ich mache neugierig«

Sie schlägt ein wie eine Bombe. Sie schreiben eine Mail, die der Empfänger einfach lesen muss und die nach allen Regeln der Kunst so aufgebaut ist, dass am Ende die totale Neugier, das absolute Must-Have steht. Um dies zu erreichen, knüpfen Sie unmittelbar an das Bedürfnis Ihres Wunschunternehmens an. Dies kann im streng materialistischen Sinne sein:

- für die Zukunft gewappnet sein, weil sich eine Gesetzeslage ändert,
- dem Konkurrenten voraus zu sein,
- etwas einzukaufen, das gleich Gewinn bringt.

Dies ist etwa der Fall, wenn Sie in der Lage sind, den Kontakt zu einem asiatischen Unternehmen herzustellen, um den die Firma sich immer bemüht hat.

Dazu schreiben Sie einen wirkungsvollen Initiativbrief und hängen eventuell eine Kurzfassung Ihres Lebenslaufs an, zum Beispiel auch als Infografik.

Ich habe ausnehmend gute Erfahrungen mit diesem Weg gemacht. Natürlich gibt es immer wieder mal Unternehmen, die nicht reagieren oder sehr uncharmant antworten. Aber 10 bis 30 Prozent (bei sehr fachkundigen Bewerbern auch mehr) antworten sehr freundlich. So laden Geschäftsführer Bewerber ein, auch wenn sie gerade keine Stelle zu vergeben haben, einfach aus Neugier und weil man einen kompetenten Bewerber, der sich etwas traut, nicht einfach gehen lassen möchte.

Meine Erfahrung

Ich habe etwa 40 solcher Briefe an Firmen geschickt, die mit meinem Thema zu tun haben oder demnächst zu tun haben werden. Mehr als zehn Gespräche kamen zustande, viele direkt mit den Inhabern. Auch wenn diese mir noch keinen Job anbieten konnten, waren sie sehr freundlich und gaben Tipps. Einer vermittelte mich sogar zu anderen Unternehmen. Er meinte: »Sie sind ein guter Mann, Sie werden es ganz weit bringen.« Ich habe mich gar nicht mehr auf Stelleninserate beworben, weil das so gut klappte und die Anzeigen nie richtig zu meinem Profil passten. Nach vier Monaten bekam ich das erste Angebot. Alle, mit denen ich Gespräche hatte, blieben über Xing im Kontakt zu mir. Auch wenn ich jetzt einen Job habe, mit dem ich zufrieden bin, sind diese Kontakte auch für die Zukunft sehr wertvoll.

Harald, 32 Jahre

Für wen sich diese Strategie eignet

Die Power-Mail-Strategie eignet sich besonders für Bewerber, die in ihrer Branche bleiben möchten und bereits Erfahrungen und/oder Kontakte einbringen. Es kann natürlich auch sein, dass Sie Ihre Erfahrungen aus einer anderen Branche platzieren wollen. Tatsache ist jedenfalls, dass Ihr Können und Ihr Hintergrund sehr interessant sein müssen. Wer vor allem mit Persönlichkeit und sozialen Skills punkten möchte, kann die Power-Mail-Strategie zum Beispiel mit einem Link auf ein Video kombinieren, in dem Sie das Unternehmen ansprechen.

Welche Risiken diese Strategie birgt

Ein Risiko besteht immer darin, dass die E-Mail versandet. Dem können Sie vorbeugen, indem Sie nach vier bis sieben Tagen anrufen oder die E-Mail noch einmal schicken. Sie leiten sie dann einfach weiter und schreiben über den ursprünglichen Text:

> Sehr geehrter Herr Müller,
> letzte Woche habe ich Ihnen diese E-Mail geschickt, aber leider noch nichts von Ihnen gehört. Sicher haben Sie viel zu tun. Ich freue mich über eine Antwort bis 12.3.
>
> Mit freundlichen Grüßen
> Ihr *Thorsten Blank*

Die Power-Mail texten

Schreiben Sie einen Brief, der es in sich hat. Halten Sie sich an die Regeln des Direktmarketings: direkt die Bedürfnisse des anderen ansprechen, nicht über sich selbst reden. Machen Sie neugierig, sagen Sie, dass es Sie gibt und dass das Unternehmen Sie braucht, und zwar genau Sie. Das ist das Geheimnis einer guten Power-Mail. Diese Vorgehensweise hat die besten Erfolgsaussichten, wenn Sie so richtig etwas zu bieten haben, am besten spezifische Branchen- und Prozesserfahrung und Kontakte. Diese machen Sie besonders, unterscheiden Sie von anderen. Ausbildung und allgemeine Kenntnisse spielen eine untergeordnete Rolle. Ihre spezifische Branchenerfahrung und die Kontakte müssen von dem Unternehmen gebraucht werden – man würde etwas verpassen, wenn man Sie davonziehen ließe, das ist im Idealfall der Gedanke Ihres Ansprechpartners. Deshalb macht ein wenig Geheimniskrämerei durchaus Sinn: Teilen Sie gerade so viel mit, dass Sie interessant genug sind, und so wenig, dass Fragen offenbleiben.

> *Subj.: Wie Sie in Osteuropa durchstarten*
>
> Sehr geehrter Herr Maier,
>
> »Osteuropa ist unser wunder Punkt«, das sagten Sie neulich in der Sonntagszeitung.
>
> Osteuropa ist mein Spezialgebiet. Lassen Sie mich kurz vorstellen: Sales Director, MBA, spezialisiert auf Consumer Electronics, Umsatzvolumen: bis 20 Millionen Euro. Den Markt für Platinen kenne ich wie kaum ein Zweiter. Persönliches Merkmal: Beste Kontakte europaweit, überzeugungsstark und präsentationssicher.
>
> Interessiert? Ich bitte um einen persönlichen Gesprächstermin.
>
> Mit freundlichen Grüßen

E-Mail mit Cliffhanger

Oft ist es sinnvoll, nicht gleich alles zu sagen und sein ganzes »Pulver« zu verschießen. Cliffhanger sind Nachrichten, die eine Frage offenlassen, zum Beispiel die, wo genau Sie eigentlich derzeit arbeiten und welche Position Sie innehaben.

Sie kennen solche Nachrichten zum Beispiel vom Portal *Spiegel online*. Die Texte auf der Homepage sind oft so spannend aufbereitet, dass Sie immer weiterklicken müssen. Schließlich wollen Sie ja noch wissen, wie, was, warum. Wenn Sie einen Cliffhanger-Brief an einen Vorstand oder Geschäftsführer schreiben, können Sie ebenfalls Fragen offenlassen – die Sie dann in einem persönlichen Gespräch gerne beantworten.

Das Unternehmen ist: ______________________________

Was genau fehlt diesem Unternehmen, das Sie bieten können?

____

Auf welche Argumente und Schlagworte wird die Firma vermutlich reagieren? Denken Sie an Qualifikationen Ihrerseits, bestimmte Namen (aus der Branche), Zahlen und Daten sowie Größen, die Ihren Erfolg darlegen.

1. ______________________________
2. ______________________________
3. ______________________________

Wie heißt der Ansprechpartner in dem Unternehmen? Im Zweifel ganz oben ansetzen!

____

Die Treuhandbewerbung

Mein werter Kollege Dr. Jürgen Nebel, den Sie auch bei www.karriereexperten.com finden, bietet auf seiner Website die sogenannte »Treuhandbewerbung« an. Dafür schreibt er einen Brief wie oben vorgestellt, sendet diesen aber in seinem eigenen Namen ab. Das heißt: Das Unternehmen sieht einen promovierten Juristen als Ansprechpartner und nicht Sie direkt. Das kann von Vorteil sein, vor allem in Managementpositionen. Denn, siehe Cliffhanger, nicht immer ist es gut, wenn man schon zu viel über Sie weiß. Auch Ihr derzeitiger Arbeitgeber kann so besser verborgen werden – andernfalls wäre er ja selbst dann, wenn Sie ihn verschweigen, dank Ihres Namens schnell zu ergoogeln.

Um eine solche Treuhandbewerbung können Sie sich auch selbst kümmern, indem Sie zum Beispiel einen – idealerweise promovierten oder mit einem MBA ausgestatteten oder in der Personal- oder Unternehmensberatung tätigen – Kollegen bitten, E-Mails oder in diesem Fall sogar besser Briefe zu verschicken. Denn eine »GMX-Adresse« käme an dieser Stelle nicht so gut.

Die Power-Mail-Strategie Schritt für Schritt

1. Fragen Sie sich, wen genau Sie ansprechen wollen, erstellen Sie eine Liste mit Unternehmen und Ansprechpartnern. Ermitteln Sie die E-Mail-Adresse oder rekonstruieren Sie sie anhand anderer auf der Website genannter oder bei Google findbarer Adressen. Im Zweifel geben Sie vorname.nachname@unternehmen.de ein und Varianten wie ersterbuchstabevorname.nachname@unternehmen.de sowie nachname@unternehmen.de ins BCC-Feld ein.
2. Schreiben Sie auf, was Sie sagen möchten.
3. Drehen Sie die Perspektive: Was ist aus Sicht des Empfängers wesentlich, was sollten Sie besser verschlossen halten?
4. Entscheiden Sie, ob Sie einen Kurzlebenslauf anhängen. Ja, wenn es wichtig ist, dass der Empfänger Ihre Erfolge und Qualifikationen noch einmal komprimiert auf einer Seite sieht. Nein, wenn es ausreicht, einfach erst einmal drei, vier Fakten in den Raum zu werfen, und allein daraufhin schon eine Reaktion zu erwarten ist.

Die Expertenstrategie – »Mein Ruf eilt mir voraus«

Weil Sie ein Experte sind, kommen alle Unternehmen auf Sie zu – sofern Sie gut zu finden sind, vor allem auch im Internet. Als Experte kennen Sie sich in einem Gebiet ganz besonders gut aus. Sie sind allerdings auch kein Spezialist, also jemand der absolutes Spezialwissen hat. Ich bin beispielsweise eine Karriereexpertin, aber keine Spezialistin für MBA-Programme. Erkennen Sie den Unterschied?

Es ist eine Guerillataktik, sich einen Expertenstatus zu formen, auch mit einer klugen Begriffswahl. Die gehört zu einer Positionierung einfach dazu. So nenne ich mich »Expertin für neue Karrieren«, weil es mir um moderne Arbeitsformen und um Veränderung geht. Ich kenne auch eine »Redenstrafferin«, eine Expertin für kreatives Zeitmanagement oder diverse Leadership-Experten. Natürlich muss die Selbstbezeichnung als Experte glaubwürdig sein. Experte wird man nicht von heute auf morgen. Mindestens fünf Berufsjahre sollten Sie schon hinter sich haben und entsprechende Erfahrung gesammelt.

Wer sich als Experte aufstellen möchte, sollte sich als erstes Gedanken über seine Positionierung machen. Beginnen Sie dabei mit der Frage, was Sie – mit Blick auf die Zielgruppe – von Wettbewerbern unterscheidet.

Schauen Sie sich die Grafik an: Überlegen Sie nicht nur, was Sie können, sondern vor allem auch, was Sie von den Kollegen unterscheidet – beispielsweise Branchenerfahrung oder besondere Kenntnisse. Je schärfer Ihr Profil, desto weniger werden Sie sich überhaupt bewerben müssen. Wie das aussehen kann, zeigt Ihnen das zweite Kreisdiagramm, in dem beispielhaft eingetragen ist,

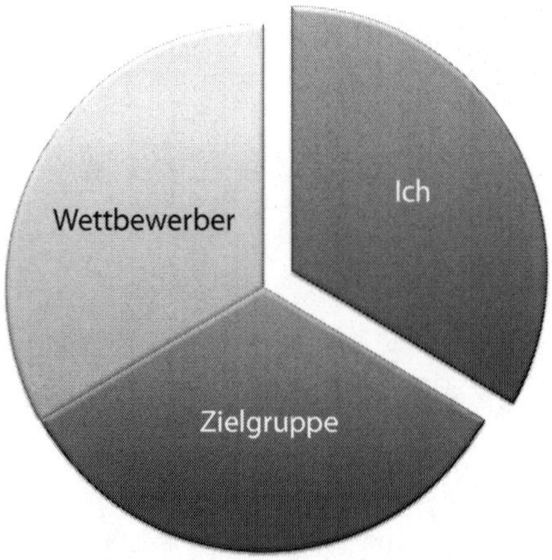

worin die wichtigen Unterschiede zu den Wettbewerbern und die sich daraus ergebende Positionierung liegt.

Ein weiteres Beispiel: Experten für Online-Marketing sind zweifellos keine besonders rare Spezies. Experten für Affiliate-Marketing-Programme (Partnerprogramm-Marketing) dagegen sind schon erheblich schwerer zu finden. Für Experten gilt noch mehr als für Spezialisten: Sie müssen einiges für Ihr Selbstmarketing tun. Während der Guerillero im Hintergrund agiert, müssen Sie in den Vordergrund. Sich sichtbar machen ist die wichtigste Aufgabe. Zeigen, was man weiß und kann gehören dazu. Ob Sie nun selbstständig oder angestellt sind, macht keinen Unterschied.

Stille Experten bleiben vielleicht ihr Leben lang unentdeckt. Experten, die beruflich erfolgreich sind, gelten fast immer auch als Vertriebsexperten in eigener Sache, andernfalls würden sie gar nicht wahrgenommen werden. Mit Nischenkenntnissen und Vertriebstalent ausgestattet, finden Sie als Experte überall neue Arbeitgeber. Sie spezialisieren sich so weit, dass Ihr Name automatisch fällt, wenn es um bestimmte Themen geht. Im Internet sind Sie sofort zu finden, wenn das entsprechende Thema in einer Suchmaschine eingegeben wird. Deshalb besteht auch kaum ein Zweifel daran, wer

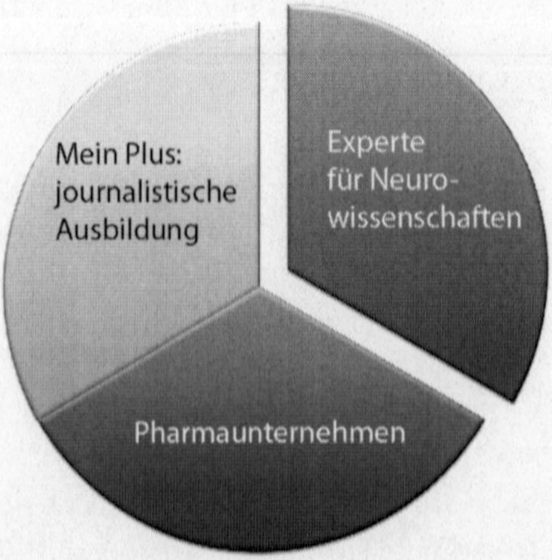

den Job machen kann, wenn ein entsprechender Bedarf entsteht. Sie als Experte sind so sehr dafür prädestiniert, dass Sie auch ohne Ihr Dazutun in die engste Auswahl kommen werden.

Für wen sich diese Strategie eignet

Die Expertenstrategie ist keine Strategie, um schnell Jobs zu finden, sondern eher eine Methode, um zu verhindern, dass man überhaupt je nach Jobs suchen muss.

Beispiele dafür können sein:

- der Vertriebsleiter für Kliniksoftware, der Produkte, Hintergründe und alle Ansprechpartner in den Krankenhäusern kennt,
- der Lichttechniker, der seit Jahren internationale Open-Air-Konzerte beleuchtet,
- der Spieledesigner, der bekannte Bestseller-Games entworfen hat.

Egal um welche Branche und welchen Beruf es geht, eines ist sicher: In Ihrem Fachbereich gibt es wenig Konkurrenz. Wenn Sie zu dieser Hand voll gehören, brauchen Sie sich höchstwahrscheinlich nie mehr zu bewerben – oder die Abgabe der Unterlagen wird zur reinen Formsache.

Welche Risiken diese Strategie birgt

Experte oder Spezialist, das ist eine Frage, die Sie begleiten wird. Je spezialisierter, desto rarer wird das Angebot an Stellen. Das hat Auswirkungen auf Ihre Lebensplanung. Die Jobs befinden sich oft nicht in der Stadt oder Region, in der Sie am liebsten wohnen würden, und sie erfordern Reisebereitschaft und erhöhte Flexibilität. Wer sich spitz – also als Spezialist – aufstellt, läuft zudem Gefahr, dass seine Bereiche irgendwann nicht mehr gefragt sind. Die Gründe dafür sind mannigfaltig: Mag sein, dass die Technik sich weiterentwickelt und Aufgaben wegfallen. Gut möglich, dass die Branche niedergeht, weil sich das Verbraucherverhalten verändert hat. Beispiel Zigarettenindustrie: Weil immer weniger Menschen rauchen und sich europaweit Werbeverbote durchgesetzt haben, werden in diesem Bereich kaum noch Marketingspezialisten gebraucht. Hier gilt es vorzusorgen – und das ist fast immer möglich. Solche Entwicklungen brechen schließlich nie von heute auf morgen über Branchen herein, sondern vollziehen sich langsam und schleichend. Ruhen Sie sich nicht auf Ihren Lorbeeren aus. Beobachten Sie und versuchen Sie rechtzeitig, Trends zu erkennen. Erwerben Sie weitere Kenntnisse in benachbarten Bereichen, die in Zukunft mehr Bedeutung erlangen werden. Die Grafik zeigt eine mögliche Vorgehensweise in vier Schritten.

Expertenstrategie als Karriereplanungs-Tool

Vielleicht sind Sie bereits ein Experte, müssen sich aber trotzdem noch bewerben. Dann liegt Ihre Aufgabe darin, Ihre Selbstdarstel-

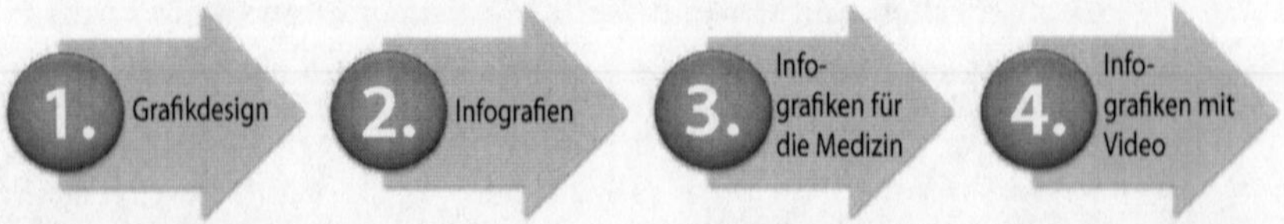

lung zu optimieren. Vielleicht müssen Sie auch Ihren Kurs ändern, weil die Art von Expertise, die Sie bieten, nicht gefragt ist oder zu schlecht bezahlt wird.

Wenn Sie noch kein Experte sind, könnte sich das ändern, nachdem Sie dieses Kapitel gelesen haben. Entscheiden Sie sich dafür, diesen beruflichen Weg zu gehen, müssen Sie sich zunächst darüber klar werden, wo Sie in zwei Jahren (erste Etappe als Experte ist erreicht) stehen wollen, wo in fünf und wo in zehn Jahren. Definieren Sie, für was Sie in einem bestimmten Zeitraum stehen wollen. Diese Aussage sollte so knapp wie möglich ausfallen.

Zwei-Jahres-Planung: Ich möchte stehen für

Wie soll sich Ihr Expertenstatus in fünf Jahren verändert haben? Nach zwei Jahren sind Sie innerhalb einer sehr kleinen Nische bekannt, haben sich einen guten Namen bei wenigen wichtigen Meinungsführern gemacht. In fünf Jahren sind Sie innerhalb der gesamten Branche bekannt.

Fünf-Jahres-Planung: Ich bin Experte von …

Und weiter geht es: Wo stehen Sie in zehn Jahren? In fünf Jahren sind Sie auch einem breiteren Publikum bekannt oder haben sich in der Branche einen Namen gemacht. Sie könnten in zehn Jahren eine Professur übernehmen oder Bücher schreiben. Es ist wichtig, sich darüber Gedanken zu machen, denn das erleichtert es, darauf hinzuarbeiten, selbst wenn Sie Ihren Kurs ändern. Ziele sind wie Leitplanken. Man braucht sie, um eine Richtung zu haben, aber man muss bereit sein, sie zu versetzen, wenn es notwendig ist.

Und wenn Sie in zehn Jahren dann doch nach Fuerteventura gezogen sind, um dort eine Surfschule aufzubauen – dann war das eine bewusste Entscheidung, mit dem Lebens- und Karriereplan zu brechen. Das ist immer und zu jedem Zeitpunkt in Ordnung.

Zehn-Jahres-Planung: Ich habe ______________________ erreicht.

Fragen Sie sich jetzt auch:

- Mit welchen Methoden wollen Sie Ihren Expertenstatus weiterentwickeln?
- Denken Sie an Weiterbildungen, regelmäßige Lektüre von Zeitungen und Zeitschriften, autodidaktisches Training etc.
- Wie wollen Sie Ihren Expertenstatus belegen? Denken Sie an Zertifizierungen und andere Nachweise fachlichen Könnens und Wissens.
- Wie wollen Sie Ihren Expertenstatus durchsetzen? Was wollen Sie tun, um bekannt zu werden?

Wie Experten sich selbst darstellen

Weniger ist mehr. Als Experte sind Sie auch eine Personenmarke. Und das bedeutet, dass nicht mehr als drei bis sieben Eigenschaften mit Ihnen verknüpft werden sollten. Wenn jemand aus Ihrer Branche oder Ihrem Segment an Sie denkt, sollte ihm zuerst das einfallen, was Sie auch repräsentieren möchten, zum Beispiel der Experte für Infografiken in der Medizintechnik. Notieren Sie die Eigenschaften, die Sie mit sich selbst verknüpfen wollen. Entscheiden Sie sich für die prägnantesten. Überlegen Sie, ob Sie auch äußerlich und im

Stil erkennbar sein wollen. Als Karriereberaterin habe ich mich für einen unkonventionellen Stil entschieden. Deshalb findet man mich ohne dunklen Blazer und viel Lachen auf meinen Bildern. Andere entscheiden sich für richtige Markenzeichen, etwa Symbole. Angelika Gulder, die Erfinderin des »Karriere-Navigators«, lässt sich beispielsweise mit Kompass fotografieren.

Vermeiden Sie dabei ein Zuviel an Information und schneiden Sie die Infos, die Sie haben, auf unterschiedliche Zielgruppen zu. Menschen können sich nur eine bestimmte Anzahl an Informationen merken. Sie neigen dazu, Informationen auf das zu reduzieren, was bei Ihnen hängen geblieben ist. Dabei gibt es oft ein Entweder-oder, das heißt, bestimmte Kompetenzen schließen sich auf den ersten Blick gegenseitig aus. Beispiel: Sie sind in der Außenwahrnehmung entweder Experte für Design oder für Programmierung, aber nie für beides. Sie sind entweder Journalist oder Unternehmensberater, entweder Englischlehrer oder Reiseleiter. Jeder Versuch, viel unter einen Hut zu bringen, konterkariert diese Strategie.

Erfolg für erfolglose Experten

»Ist ja schön und gut, was Sie da schreiben, Frau Hofert. Ich bin auch Experte, aber mich spricht keiner an. Ich bin seit mehr als einem Jahr arbeitslos.« So etwas sagen entweder Experten mit veralteten Qualifikationen oder aber Experten, die sich nicht gut verkaufen können. Ist die Qualifikation nicht mehr auf dem neuesten Stand (häufig bei Technikern, Ingenieuren und IT-Fachleuten), hilft nur eins: die Fähigkeiten dem aktuellen Bedarf anpassen.

Manchmal verhindern auch so schlichte Dinge wie ein furchtbares Foto oder eine Riesenlücke im Lebenslauf den Erfolg. Dagegen lässt sich leicht etwas unternehmen. Manche Experten können und wollen sich auch einfach nicht positiv darstellen oder werden steif unter dem Druck, sich verkaufen zu müssen.

Finden Sie Ihren eigenen Stil! Üben Sie, sich selbst zu verkaufen, wann immer Sie können. Lassen Sie sich beim Erfolgreich-Experte-Werden coachen, wenn alle Stricke reißen. Und lesen Sie als introvertierter Experte das Buch meiner Kollegin Sylvia Löhken über »Leise Menschen«.

Schriftliche Unterlagen für Experten

Experten brauchen ein Profil zum Lebenslauf, das sie nicht nur zur Bewerbung, sondern auch bei Vorträgen und Veröffentlichungen zur Selbstbeschreibung nutzen. Es handelt sich dabei um eine DIN-A4-Seite, die Ihre wesentlichen »Verkaufsdaten« enthält. Konzentrieren Sie sich auf die schriftliche Kompetenzdarlegung, in der Lebenslaufdaten eine untergeordnete Rolle spielen. Ihrem Profil sollten alle relevanten Kenntnisse zu entnehmen sein. Hinein gehören auch Publikationslisten, eventuelle Auszeichnungen und Preise sowie Stipendien. Beschränken Sie sich auf wesentliche Aussagen. Gerade die Profile von Wissenschaftlern sind häufig deutlich zu umfangreich. Wer jedoch alles sagt, erschlägt den Leser mit zu viel Information. Konzentration auf das Wesentliche lautet das Zauberwort. Experten sollten grundsätzlich alles betonen, das ihren Status stützt. Das fängt an bei der Zusammenstellung der eigenen Veröffentlichungen und hört bei Zertifizierungen auf.

Je nach Expertentyp gibt es einige Besonderheiten zu beachten. Wissenschaftliche Experten werden pro forma häufig nach ihrem Lebenslauf gefragt. Bereiten Sie diesen zusätzlich zum Profil vor. Ein Anschreiben ist kaum nötig, im Wissenschaftsbereich werden lediglich CVs weitergereicht – sehr oft auf Englisch. Manager-Experten sollten ebenfalls ein Profil und einen guten Lebenslauf vorbereiten, der qualitative Aussagen über Verantwortungsbereiche, Mitarbeiter, Budgethöhe und Umsatzverantwortung enthält. Fachexperten brauchen vor allem eine Kenntnisübersicht, die bei sehr technischem Know-how auch entsprechend detailliert sein sollte. Einzelne Kenntnisse sollten unbedingt bewertet werden, am besten führen Sie auch die Intensität des Umgangs mit der Technologie und die jeweilige Erfahrung in Jahren auf. Haben Sie Projektarbeit geleistet, gehören Ihre Rolle im Projekt (Projektleiter, Programmierer o. Ä.) und Projektübersichten dazu, die die eingesetzten Kenntnisse beschreiben, sowie die Dauer des Projekts und das Projektziel.

Die Expertenstrategie Schritt für Schritt

1. Entscheiden Sie, für was Sie Experte sein oder werden könnten.
2. Wenn Sie schon Experte sind: Was könnten Sie verbessern an Ihrer Selbstdarstellung und bei der Sichtbarkeit online und offline.
3. Als Personenmarke: Überlegen Sie, wie Sie sich selbst darstellen, mit welchen Worten und Begriffen Sie operieren werden. Wofür stehen Sie? Was soll anderen einfallen, wenn sie an Sie denken?

Die Baumeister-Strategie – »Ich schaffe mir meinen Job selbst«

Hans-Georg Nelles ist Experte für Väter, die auch für ihre Kinder da sein wollen. Und er hat sich seinen Job »gebacken«: Über seinen Blog www.vaeter-und-karriere.de bietet Nelles Beratungen für Unternehmen an. Angefangen hat alles mit einem Projekt, für das er öffentliche Fördergelder beantragt und bekommen hat.

Für wen sich diese Strategie eignet

So leicht kann das gehen: Sie schaffen sich Ihren Traumjob einfach selbst. Es gab ihn vorher nicht, dann kamen Sie, stellten unter Beweis, dass Sie gebraucht werden – und haben nun das, was Sie immer wollten. Das klingt unwahrscheinlich – ist es aber nicht. Es bedeutet lediglich, dass Sie einen bestimmten Bedarf (an einer Tätigkeit, einer Dienstleistung oder einem Produkt) erkennen und diesen den richtigen Stellen kommunizieren. Das ist nicht leicht und es kostet Zeit und Mühe. Aber Ihnen ist ja sowieso klar, dass es selten Traumjobs per Fingerschnipp gibt.

Diese Strategie funktioniert besonders gut im öffentlichen Bereich (wie es auch privatwirtschaftlich geht, lesen Sie am Ende des Kapitels). Weiterhin passt die Strategie hervorragend für Idealisten, die ein Thema dazu bringt, sich sehr einzusetzen.

Meine Erfahrung

Als Architektin und Sozialarbeiterin habe ich mich auf das Wohnen von

Behinderten spezialisiert. Ich weiß, dass da vieles im Argen liegt und es ist meine Motivation, das zu verbessern. Aus meiner Tätigkeit für einen Träger heraus habe ich verschiedene Gespräche mit Landtags- und Bundestagsabgeordneten geführt. Ich habe lange Briefe geschrieben und meine Ideen vor Gremien präsentiert. Ich brauchte einen ganz langen Atem. Doch jetzt sieht es so aus, als ernte ich die Früchte. Es soll eine Stelle geschaffen werden, mit der ich Institutionen beraten kann und zur Anlaufstelle in meinem Bundesland werde.

Gila, 45 Jahre

Einen Verein oder eine Stiftung gründen

Ein gemeinnütziger Verein ebenso wie eine Stiftung dürfen nicht wie ein Unternehmen Gewinn erwirtschaften und Kapital ansammeln. Einem Verein geht es vor allem darum, sich für eine gute Sache zu engagieren. Darin liegt dann auch der Sinn und Daseinszweck: Vereine geben ihr Geld – Mitgliedsbeiträge und Zuwendungen – dafür aus, den Vereinszweck zu erfüllen. Vieles im Verein läuft auf ehrenamtlicher Basis – jedoch längst nicht alles. Vereine einer gewissen Größe können ihren Vereinszweck nur dann erfüllen, wenn sie eigene Mitarbeiter beschäftigen. Da ist die Elterninitiative, die einen Kindergarten eröffnet, bei der sich eine der Initiatorinnen selbst als Erzieherin anstellt. Oder der Verein, der eine Dritte-Welt-Bibliothek mit Kaffee- und Teeladen eröffnet – und jemand aus seinem Gründerkreis einstellt. Fast alle Obdachlosenzeitungen sind Erzeugnisse von Vereinen – und fast alle haben freie und feste, in jedem Fall aber bezahlte Stellen geschaffen, die meist ziemlich schnell von den Gründungsmitgliedern selbst besetzt worden sind. Auch im Bereich Umwelt, Klima, Gesundheit und Tierschutz sind zahlreiche Vereine aktiv, deren Mitarbeiter die Initiatoren selbst sind. Allerdings: Nicht jeder Verein erwirtschaftet so viel Geld, dass das Ehrenamt, beispielsweise als Vorstand, direkt finanziert werden kann. Das Geld kommt auch garantiert nicht von alleine herein, sondern in der Regel über Beiträge der Mitglieder, Spenden und die Unterstützung durch Sponsoren.

Das, was Sie mit Ihrem Verein in die Tat umsetzen wollen, muss also so nützlich sein, dass die Vereinsmitglieder bereit sind, dafür monatlich oder jährlich Geld zu bezahlen. Lassen Sie sich von dieser kleinen Warnung aber bitte nicht entmutigen – zahlreiche Vereine können sich und ihre Stellen sehr wohl selbst finanzieren. Ein gesellschaftspolitisch wichtiger Zweck wird von vielen Menschen auch gerne unterstützt. Zwei Beispiele für kleine Vereine, die schnell ganz groß geworden sind und heute viele fest angestellte Mitarbeiter nähren: Greenpeace und der Bund für Umwelt und Naturschutz Deutschland. Auch fast alle Sportvereinigungen sind vor allem eins: Vereine. Aber dass mit Bayern München und dem Hamburger SV Geld verdient wird – haben Sie sich das je hinsichtlich der Bedeutung der Vereinstätigkeit für den Arbeitsmarkt bewusst gemacht? Gerade im Sportbereich entstehen viele Stellen, weil ehrenamtliche und angestellte Tätigkeiten umgewandelt werden. Also – leicht ist es nicht, aber eine Perspektive auf jeden Fall. Beim Verein brauchen Sie lediglich sieben Mitstreiter, und die können Sie von Anfang an so aussuchen, dass klar ist, dass es keine weiteren Anwärter auf eine Stelle gibt.

Einige Ideen, in welche Richtung Sie bei der Vereinsgründung denken können:

- Kultur: Gründen Sie einen Verein zur Förderung der Kultur (Themen z. B.: Baudenkmäler, Musik, moderne Kunst, Kinder und Kultur, kultureller Austausch zwischen Ländern, Rechtschreibung und gutes Deutsch, Film …).
- Sport: Gründen Sie einen neuen Sportverein, z. B. für eine Sportart, die eben erst im Kommen ist.
- Pädagogik: Gründen Sie eine Elterninitiative mit dem Zweck, die (bessere) Betreuung von kleinen und größeren Kindern sicherzustellen. Sie können auch einen bestimmten pädagogischen Ansatz fördern (z. B. die Waldorfpädagogik).

- Soziales: Gründen Sie einen Verein, der sich für die Heilung von Krankheiten engagiert, für Bildung, für Benachteiligte …

Eine Alternative zum Verein ist die Stiftung. Im Unterschied zu einem gemeinnützigen Verein darf eine Stiftung langfristig Kapital bilden bzw. Zinserträge aus einem vorhandenen Kapitalstock erwirtschaften. Außerdem sind nicht sieben Initiatoren nötig wie beim Verein, sondern nur ein einziger. In der Satzung muss – wie beim Verein – der Zweck der Stiftung definiert sein.

Die Vereinsgründung Schritt für Schritt

1. Wenn Sie Ihr absolutes Herzensthema noch nicht gefunden haben: Entwickeln Sie Ideen, welche Art von Verein Sie gründen können.
2. Analysieren Sie den Markt. Gibt es einen solchen Verein schon? Wie grenzen Sie sich ab? Ist das Interesse an dem Thema so groß, dass Sie genügend Mitglieder gewinnen können? Informieren Sie sich über das Vereins- beziehungsweise Stiftungsrecht.
3. Suchen Sie weitere sechs Gründungsmitglieder – als eingetragener Verein brauchen Sie insgesamt sieben Initiatoren. Verzichten Sie auf eine Eintragung ins Vereinsregister, sind nur drei nötig.
4. Entwerfen Sie eine Vereinssatzung.
5. Nehmen Sie in Ihre Satzung auf, dass der Verein einen Geschäftsführer und weitere Mitarbeiter einstellen und dass beispielsweise der Geschäftsführer aus den Reihen des Vorstands stammen kann.

Meine Erfahrung

Ich bin Lehrer und wollte einfach aus diesem Beruf raus. Mein Thema war schon immer Trauer. Ich habe also einen Verein gegründet, in dem Trauernden geholfen wird. Dieser ist dank viel Medienpräsenz und Sponsorengeld schnell gewachsen ist und schuf Raum für eine Stelle.

Walter, 59 Jahre

Eine Stelle durch Fundraising finanzieren

Fundraising bedeutet, dass Sie Sponsorengelder bei freien Wirtschaftsunternehmen akquirieren – für ein bestimmtes Projekt und einen bestimmten Zweck. Privatwirtschaftliche Firmen engagieren sich für Kultur, Gesellschaft oder Sport, nicht zuletzt, weil es ihrem Image dienlich ist. So gibt es viele Wirtschaftsunternehmen, die im Sportsektor aktiv sind, da sie sich davon eine positive Öffentlichkeitswirkung versprechen. Andere engagieren sich aus gesellschaftlichem oder kulturellem Interesse.

Als Fundraiser bringen Sie eine soziale, sportliche, kulturelle, künstlerische oder gesellschaftliche Institution mit Sponsoren zusammen. Dadurch finanzieren Sie Ihre Stelle letztendlich selbst. Diese muss sich nicht ausschließlich mit Fundraising beschäftigen – Fundraising kann auch lediglich der Einstieg für Sie sein, die Argumentation für die neue Stelle. Wenn Sie (neue) Sponsoren gewinnen, ist damit Ihr Arbeitsplatz zumindest vorübergehend gesichert. Nachstehend sehen Sie den Brief den eine Bewerberin in abgewandelter Form an einen Verein geschickt hat – woraufhin sie tatsächlich auf ehrenamtlicher Basis einsteigen konnte. Später übernahm sie eine Teilzeitstelle als Geschäftsführerin.

Für Ehrenämter wird in der Regel kein Gehalt gezahlt. Es ist aber sehr wohl möglich, Aufwandsentschädigungen zu erhalten. Diese müssen bei Vereinen vom Vorstand genehmigt sein. Als Einstiegshonorierung ist die Vergütung über den Übungsleiterfreibetrag dann möglich, wenn es sich um eine pädagogische Tätigkeit im weiteren Sinn handelt. 1 500 Euro im Jahr sind steuerfrei und dürfen auch von Arbeitslosen verdient werden.

Stellen in Vereinen müssen anders als bei Behörden nicht ausgeschrieben werden. Eine Vergabe offener Positionen »unter der Hand« ist hier also mindestens so verbreitet wie in der freien Wirtschaft.

Sehr geehrte Frau Altmann, sehr geehrter Herr Syring,

seit mehreren Jahren verfolge ich die Aktivitäten Ihres Vereins, bin selbst seit zehn Jahren Mitglied. Ich bin von den Zielen überzeugt, weil ich mir sicher bin, dass wir die Bildung für unsere Kinder in die eigenen Hände nehmen und die Entwicklung zur Ganztagsschule aktiv fördern und vorantreiben müssen. In erster Linie zum Wohl unserer Kinder, in zweiter aber auch, um Elternsein und Karriere besser miteinander verbinden zu können.

Nicht nur von Ihren Zielen bin ich überzeugt, sondern auch davon, dass Sie mit der publikumswirksamen Unterstützung durch privatwirtschaftliche Unternehmen diese sehr viel besser und wirksamer realisieren könnten. Zudem würde der Druck auf die Wirtschaft erhöht, bildungspolitische Anstöße und Unterstützung zu geben. Ist nicht die Weiterentwicklung des Betriebskindergartens die im doppelten Sinn lehrreiche Betreuung für Schulkinder? Gerne würde ich mich dafür engagieren, Unternehmen zu gewinnen. Dies würde ich – seit vier Monaten arbeitslos – zum Einstieg ehrenamtlich tun. Über eventuelle Aufwandsentschädigungen können wir im persönlichen Gespräch gerne reden. Ich bin mir sicher, dass Sie mich dazu einladen werden.

Ihre Marita Koch

Fundraising Schritt für Schritt

1. Informieren Sie sich über Fundraising und Sponsoring, eventuell auch über Weiterbildungen in diesem Bereich.

2. Recherchieren Sie, welche Institutionen noch kein aktives Fundraising betreiben. Erstellen Sie Listen und telefonieren Sie diese durch – wenn Sie sich dabei wohler fühlen, auch anonym.
3. Versuchen Sie auf der anderen Seite auch schon Kontakte in Unternehmen aufzubauen, in denen Sie Sponsoren gewinnen wollen.
4. Mit an Sicherheit grenzender Wahrscheinlichkeit bekommen Sie nicht sofort einen Arbeitsvertrag. Schlagen Sie geeigneten Institutionen ein Probe-Fundraising vor. Sie wissen ja: Mit Sponsoren an Bord steht jede Institution automatisch besser da. Es lassen sich Werbemittel realisieren, Veranstaltungen planen, kurzum: Es werden Arbeitskräfte gebraucht.

Fördermittel beantragen

Öffentliche Institutionen müssen ihre Projekte ausschreiben. Jeder, der die entsprechenden Voraussetzungen mitbringt, kann sich darauf bewerben. Dabei kann es um Baumaßnahmen oder den Arbeitsmarkt gehen, um die Beschaffung von Möbeln oder die Ausarbeitung von Studien. In vielen Bereichen, etwa in der Weiterbildung und auf dem Bausektor, leben Unternehmen und Institutionen vor allem von diesen Ausschreibungen. Dabei gilt stets das Prinzip: Das günstigste Angebot erhält den Zuschlag.

Als Jobsuchender können Sie davon profitieren, indem Sie Firmen anbieten, sich um den Gewinn von Ausschreibungen zu kümmern – auch mit dem Ziel, sich auf diesem (Um-)Weg eine Legitimation für die eigene Stelle aufzubauen. Viele Unternehmer betreiben dies nicht aktiv, weil Ihnen das nötige Know-how fehlt oder weil sie keine Zeit dafür haben. Denn die Ausarbeitung von Ausschreibungsunterlagen erfordert viel Aufwand und Detailarbeit, und das bei oft unsicherem Ausgang.

Eine weitere Möglichkeit: Sie akquirieren selbst Förderprojekte, indem Sie Vorschläge für sinnvolle und gesellschaftlich, regional oder geschlechtsspezifisch wegweisende Angebote ausarbeiten. Dazu stehen zum Beispiel Töpfe wie der Europäische Sozialfonds (ESF) bereit. Nicht wenige Angestellte im öffentlichen Bereich hangeln sich so von Förderstation zu Förderstation, oft unterbrochen durch zeitweise freiberufliche Tätigkeiten.

Meine Erfahrung

Ich habe Biologie studiert und mein Kompagnon Germanistik. Irgendwann, die Jobsuche war erfolglos, riefen wir mithilfe öffentlicher Fördergelder eine Patentberatungsstelle ins Leben. Ohne eigene Räume und Kapital zu haben, erhielten wir den Zuschlag, denn entscheidend ist für die Entscheider immer nur die Frage: Wer kann etwas am günstigsten umsetzen? Der Berufseinstieg war damit gesichert. In den zwei Jahren der Tätigkeit sammelten wir Kontakte und Erfahrung.

Gerd, 42 Jahre

Es kommt auch vor, dass engagierte Menschen erfolgreiche Konzepte aus anderen Bundesländern umsetzen. Normalerweise sind die Konzepte landesspezifisch, leben durch Querfinanzierung aus dem Europäischen Sozialfonds, den Wirtschaftsbehörden und eventuell Landeszuschüssen. Um solche Konzepte aufzuspüren, müssen Sie die Vorgänge in anderen Bundesländern gut beobachten. Was wurde dort entwickelt und erfolgreich umgesetzt? Was wurde dort entwickelt und vielleicht gar nicht umgesetzt? Konzepte sind nicht urheberrechtlich gebunden und nicht an die Personen geknüpft, die sie entwickelt haben.

Meine Erfahrung

Wir kennen das: Nach zwei oder vier Jahren verlieren wir unseren Job, da die Fördermittel auslaufen. Das ist im öffentlichen Bereich einfach so, darauf bist du eingestellt. Mein letztes Konzept im Bereich E-Learning wurde von den Behörden abgelehnt. Dabei war es gut und ich sehr davon überzeugt. Also reichte ich es in anderen Bundesländern ein.

Und hatte Erfolg: Es wurde als förderungswürdig anerkannt und ich bekam die Chance, meine Ideen doch noch umzusetzen.

Martina, 39 Jahre

Fördermittel beantragen Schritt für Schritt

1. Informieren Sie sich über die gängige Förderpraxis.
2. Sprechen Sie mit Menschen, die sich in der Förderpraxis auskennen.
3. Informieren Sie sich auch über die politischen Strömungen in Ihrem Bundesland und bei der Stadt.
4. Entwickeln Sie ein Konzept, das zur gegenwärtigen Förderpolitik passt. So gab es Zeiten, in denen viele Frauenprojekte Zuspruch erhielten. Dann folgte der IT- und E-Learning-Bereich. Derzeit »läuft« Diversity gut und natürlich Nachhaltigkeit.

Es gibt neben der Option, selbst ein Projekt zu beantragen, auch die Möglichkeit, zu beobachten, welche Institution aktuell ein Projekt genehmigt bekommen hat und sich dann dort vorzustellen. Für Hamburg können Sie das sehr schön unter www.esf-hamburg.de nachlesen. Auch für andere Bundesländer gibt es diese Übersichten.

Die Headhunter-Strategie – »Hasch mich!«

Bringen Sie sich so geschickt ins Blickfeld der Konkurrenz und von Headhuntern, dass Sie sich nie mehr um einen Job sorgen müssen. Arbeiten Sie gezielt an Ihrer Selbstdarstellung, indem Sie sich beispielsweise auch im Internet engagieren. Dazu gehört ganz wesentlich die Optimierung Ihres Xing- und LinkedIn-Profils hinsichtlich optimaler Findbarkeit. Fragen Sie sich, unter welchen Begriffen jemand wie Sie gesucht wird. Vor allem sollten dies Fachwörter und Branchenbegriffe sein. Achten Sie darauf, dass Ihr Profil auch verstanden wird. Das ist im technischen Bereich nicht immer einfach zu entscheiden, gerade in der IT vermischen sich Fach- und Managementprofil häufig. Entscheiden Sie sich, was Sie sein möchten: Entwickler, Software-Architekt, Projektmanager, Teamleiter, IT-Leiter … Und schreiben Sie das auch in Ihr Profil rein – das hört sich selbstverständlich an, ist es oft aber nicht. Ebenso grundlegend, dass es oft übersehen wird: Sorgen Sie außerdem für ein gutes Foto.

Ist diese Grundlagenarbeit erledigt, nehmen Sie Kontakt zu Headhuntern auf, wenn Sie auf der Suche sind. Auch hier ist Xing eine sehr gute Adresse. Ein Hinweis am Rand: Geben Sie dort nicht »Headhunter« ein (nur wenige bezeichnen sich so), sondern wählen Sie den Begriff Consultant, der in der Branche verbreitet ist.

Für wen sich diese Strategie eignet

Die beiden Formeln der Headhunter-Strategie lauten:

Gute Ausbildung + Spezialkenntnisse	=	guter Kandidat für Headhunter
Spezialkenntnisse + Branchenkenntnisse	=	sehr guter Kandidat für Headhunter

Das heißt, dass diese Strategie eher nichts ist für Allrounder. Und auch Branchen- und Berufswechsler sind damit nicht gut bedient. Der Headhunter will leichtes Geld verdienen, und das gelingt ihm nur mit einem klaren Profil. Haben Sie also jahrelang im Management der Pharmabranche gearbeitet, sieht es viel besser aus, als wenn Sie aus dem Marketing ins Personal wechseln wollen. Auch Absolventen sind für Headhunter uninteressant.

Headhunter ansprechen

Wenn Sie nicht gefunden werden, geben Sie doch einfach einen diskreten Hinweis auf Ihre Existenz. Suchen Sie sich dabei einen Headhunter, der sich in Ihrer Branche auskennt. Viele sind auf bestimmte Branchen und Funktionsbereiche spezialisiert, besetzen zum Beispiel Positionen in Vertrieb und Marketing der IT-Branche. Sprechen Sie den Headhunter am besten telefonisch oder per Xing an. Bitten Sie um ein persönliches Gespräch. Ist Ihr am Telefon geschildertes Profil interessant genug, wird Ihnen dieser Wunsch sicher erfüllt werden, denn Headhunter verdienen ihr Geld mit der Vermittlung von Top-Kandidaten – sie werden sich einen guten Mann (oder eine gute Frau!) nicht entgehen lassen!

Doch wann sind Sie gut? Beginnt das bei einer bestimmten Gehaltsklasse? Ja, tatsächlich: Die sogenannten Executive-Search-Headhunter nehmen nur Manager mit mindestens 90 000 Euro

Bruttogehalt pro Jahr in ihren Fokus. Manche Headhunter werden schon ab 40 000 Euro aktiv. Sehr unwahrscheinlich ist jedoch, dass sich ein Headhunter für eine niedrigere Gehaltsklasse interessiert.

Adressen von Headhuntern

- Kaufen: Headhunteradressen (www.headhunteradressen.de), Consultants.de (www.consultants.de/headhunt/, www.executivebase.com/headhunter.htm)
- Finden lassen: www.experteer.de, www.xing.de, www.linkedin.com

Unterlagen für Headhunter

Zum Gespräch mit dem Headhunter ist auch eine Vita gefragt. Bereiten Sie diese Unterlagen so vor, wie es einer Fach- oder Führungskraft gebührt. Das heißt: Stellen Sie Ihre Erfolge zusammen, Ihre Tätigkeiten und Verantwortlichkeiten. Fügen Sie eventuell eine Projektliste hinzu. Seien Sie so konkret wie möglich. Inoffiziell ergänzen können Sie dieses Profil mit Unterlagen aus Personalbeurteilungen oder positiven Statements, die beispielsweise im Rahmen von 360-Grad-Feedbacks gewonnen worden sind. Seien Sie kreativ und fragen Sie sich, was Ihren Lebenslauf mit einer zusätzlichen Kompetenzaussage versieht. Sind Sie ohnehin der einzige Kandidat, brauchen Sie sich damit vielleicht gar nicht so viel Mühe zu geben …

Meine Erfahrung

Ich bin 28 Jahre alt, habe Wirtschaftswissenschaften studiert und dann zwei Jahre in einer Agentur gearbeitet. Dort war ich für einen namhaften Kunden tätig, einen bundesweiten Konzern, habe den Geschäftsbericht und Imagebroschüren betreut. Irgendwann kam dieser Anruf. Ich hätte das nie für möglich gehalten: Die wollten mich für den Marktführer haben – eine Agentur, die im Ranking weit über meinem aktuellen

Arbeitgeber stand. Man habe von mir gehört, sagte mir der Personalberater. Wo und wie und wann, verriet er nicht. Ich habe bis heute keine Ahnung, denn ich bin im Internet nicht zu finden. Vermutlich hat ein Kunde meiner früheren Agentur den Tipp gegeben, anders kann ich mir das nicht erklären. Was für ein Kompliment! Das erste Gespräch mit dem Headhunter war locker und unkompliziert. Danach wurde ich dem Unternehmen vorgestellt. Das ging alles sehr schnell. Ich konnte kaum schlucken, da hatte ich schon eine Gehaltserhöhung von 30 Prozent. Das war 2003, in einem Jahr, in dem die Wirtschaft nicht gerade auf der Höhe der Zeit war und es Agenturen nicht gut ging.

Ralf, Mediaplaner

Die Headhunter-Strategie Schritt für Schritt

1. Sorgen Sie für Findbarkeit im Internet. Verbinden Sie sich damit bei Xing und LinkedIn zum Beispiel auch mit Personen, die selbst viele Headhunterkontakte haben. Das erhöht die Wahrscheinlichkeit, dass man Sie findet.
2. Optimieren Sie in diesem Zug auch Ihr Profil hinsichtlich der Keywords. Fragen Sie sich dazu, unter welchen Begriffen ein Headhunter suchen würde. Das sind garantiert keine Soft Skills, sondern in der Regel Fachbegriffe. Bei Führungspersonen interessieren immer auch die Leitungserfahrung und die Budgetverantwortung sowie eine Angabe zur Prokura.
3. Suchen Sie passende Headhunter heraus. Trennen Sie die Spreu vom Weizen, sortieren Sie Headhunter aus, die Ihnen auch noch eine Lebensberatung oder Ähnliches verkaufen wollen. Kontaktieren Sie nur Headhunter, die auch von Ihrem Geschäft leben können, und nicht solche, die Ihr Geschäft nur nebenbei betreiben. Sprechen Sie mit diesen am besten erst einmal persönlich.

4. Lassen Sie sich auch ein ehrliches Feedback geben. Ein Headhunter kann das, da auch er daran interessiert ist, ein optimales Gehalt für Sie zu erzielen. Wenn Sie von dieser Seite hören, dass Sie zu teuer sind, so stimmt das mit hoher Wahrscheinlichkeit.

Die Kreativstrategie – »Ich falle auf«

Brandon Kleinman hat eine sehr coole Facebook-Präsentation erstellt, die immer noch im Netz zu finden ist (einfach danach googeln). Er wirkt darin sehr innovativ und vor allem auch sympathisch. Das ist ein Beispiel fürs Kreativsein. Auch bei Pinterest finden sich jede Menge tolle Beispiele, meist aus dem Designbereich.

Es gibt unendlich viele Möglichkeiten, kreativ zu sein: Rappen Sie vor dem Chef in der Kantine. Bringen Sie ein großes Poster mit Werbesprüchen gegenüber dem Fenster Ihres Vorgesetzten an. Legen Sie eine Zeitschrift, in der Sie auf Seite eins zu sehen sind, auf den Frühstückstisch. Entwickeln Sie Bewerbungskalender, Jobsuch-Klingeltöne oder schrille Videos, Internetfilme oder eine Twitter-Kurznachrichtenstory ... Hauptsache auffallen – das ist das Motto der Kreativstrategie.

Einzelne Beispiele hier vorzustellen, hat einen Haken: In dem Moment, in dem eine Idee bereits mehrfach aufgegriffen worden ist, verliert sie radikal an Wert. Brandons Präsentation ist vergleichsweise unbekannt, allerdings wurden Kreativstrategien wie die Bewerbung im Pizzakarton leider bereits überstrapaziert. Sie sind nicht mal mehr lustig. Ich weiß noch, dass ich 1996, als ich Abteilungsleiterin war, eine Bewerbung in einer Konservenbüchse erhielt. Wir haben uns sehr amüsiert, aber den Absender nicht einmal eingeladen.

Das passiert auch häufig: Etwas ist zu kreativ, einfach nur witzig und es geht die Kompetenz verloren, die jemand doch mitbringen soll. Ich stelle ja niemanden ein, nur weil er auf die Idee mit der Konservenbüchse gekommen ist. Deshalb gefällt mir Brandons moderat-kreative Herangehensweise besser, und ich bin auch sicher,

Brandon Kleinmann auf www.facebook.com

dass so etwas erfolgreicher in allen Bereichen ist, in denen es auf Kompetenz ankommt – und das sind die meisten.

Oft ist Kreativsein, auch und gerade im visuellen Bereich, eine Gratwanderung zwischen gutem und schlechtem Geschmack, zwischen nerven und angenehm überraschen. Wenn diese Gratwanderung jedoch gelingt, haben Sie fast schon gewonnen, denn die Aufmerksamkeit ist auf Ihrer Seite. Wer auffällt, wird wahrgenommen. Und wer wahrgenommen wird, kann seine Fähigkeiten präsentieren. Diesen Raum bekommen »normale« Bewerber heute oft nicht mehr.

Für wen sich diese Strategie eignet

Nicht nur kreative Köpfe können sich Kreativität erlauben – auch ganz normale Jobsuchende. Lediglich die Art der Kreativität muss sich unterscheiden: Ein Feinmechaniker in der Metallindustrie geht anders an diese Strategie heran als ein Texter oder Designer in der Werbebranche. Der wesentliche Unterschied: Während Kreative auch den Bezug zur eigenen Arbeit herstellen müssen, sollten Nicht-Kreative nur kreativ in der Art der Ansprache sein. Doch manchmal sind ähnliche Wege denkbar. Der Designer gestaltet sein Auto kunstvoll mit einem Bewerber-Porträt und macht damit vor einschlägigen Agenturen auf sich aufmerksam. Ein Feinmechaniker beklebt sein Auto mit bunten Sprüchen und fährt damit von einer Manufaktur zur nächsten. Nicht besonders gut kommen allzu kreative Strategien in Behörden an, wo die Personalauswahl durch ein Gremium stattfindet und immer noch eher formalistisch ist. Hier reicht schon ein Kurzprofil auf dem Deckblatt oder eine farbige Unterlinie, um etwas aufzufallen. Weniger ist mehr.

Eindeutig falsch sind kreative Strategien für hochbezahlte Manager. Für sie muss es darum gehen, ihre Erfolge herauszustellen. Doch auch das ist kreativ, denn es setzt eine kluge Aus- und Wortwahl voraus, ist aber vor allem inhaltsbezogen.

Wann diese Strategie wirkt

Die Kreativstrategie wirkt in der Regel so schnell wie eine normale Bewerbung. Sie machen auf sich aufmerksam – und schon passiert etwas. Eine lange Anlaufzeit gibt es dabei nicht. Deshalb ist der kreative Weg ideal für alle, die möglichst schnell einen Job finden wollen.

Welche Risiken diese Strategie birgt

Falsch verstandene Kreativität wirkt einfach nur platt und einfallslos. Gute, kreative Ideen zeichnen sich dadurch aus, dass sie einfach und schnell verstanden werden können. Sie dürfen dem Ansprechpartner auch keine Mühe oder zusätzliche Arbeit bereiten. Kein Firmenchef wird sich etwa für einen Bewerber auf eine Schnitzeljagd durch die

Büroräume begeben, nur weil der so »kreativ« war, inkognito überall eine Nachricht zu verstecken. Schlecht kommen auch Diebstahl und Fälschungsversuche an. So soll angeblich ein Bewerber das Firmenpapier gestohlen und damit die Konkurrenz zu einem angeblichen Meinungsaustausch eingeladen haben. Auch die Versteigerung der eigenen Arbeitskraft via eBay ist keine besonders gute Idee, wirkt sie doch eher anbiedernd und allzu marktschreierisch. Vorsicht ist auch bei Firmenlogos angebracht, die Sie kreativ in die Bewerbung setzen. Das Nutzen von Logos durch andere ist ohne Rücksprache nicht erlaubt.

Kreative Strategien für Kreative

Sie sind Texter, Designer, PR-Journalist oder Eventmanager? Prima, dann gehört die kreative Welt Ihnen! In Ihrem Umfeld ist fast alles erlaubt, was nicht geschmacklos oder ohne Aussagekraft ist. Oder anders ausgedrückt: Solange Sie Stil beweisen und solange Ihre kreative Bewerbung etwas (mehr) über Sie als Mitarbeiter aussagt, ist alles möglich. Kreative Ideen sind natürlich nur so lange gut, solange sie neu sind. Die Konservenbüchse mit dem Lebenslauf oder das Anschreiben im Pizzadeckel – das sind nette Gags, aber sie sind nicht mehr zeitgemäß. Die hier vorgestellte Idee mit dem Sticker-Auto ist neu – aber durch die Veröffentlichung in diesem Buch dann auch wieder nicht mehr … Denken Sie also etwas individueller und spezieller. Welche Firma oder Agentur sprechen Sie an? Was können Sie als Persönlichkeit glaubhaft verkaufen? Berücksichtigen Sie sowohl Ihre Persönlichkeit als auch den Charakter der Firma.

Kreative Ideensammlung

Folgende moderat-kreative Ideen sollen für Sie nur eine Anregung sein. Keine kreative Idee passt in jeden Zusammenhang gleich gut.

Eine Idee ist nur kreativ, wenn sie individuell auf eine Situation zugeschnitten ist.

- Verschicken Sie eine Postkarte oder einen Lebenslauf mit einem QR-Code. Wer diesen auf einer Internetseite eingibt, stößt auf ein Video, in dem Sie sich selbst vorstellen.
- Gestalten Sie einen Bewerbungskalender. Auf jedem Kalenderblatt stellen Sie einen neuen Aspekt Ihrer Persönlichkeit vor.
- Entwickeln Sie ein Plakat, das Sie in Sichtweite Ihres Arbeitgebers aufhängen.
- Senden Sie einfach nur Arbeitsproben von sich, als Buch gebunden oder in Form eines E-Books, sonst nichts.
- Schicken Sie einen Bewerbungscomic.
- Entwickeln Sie eine Twitter-Kurzgeschichte, die Sie immer wieder @firma (also an Ihren Traumarbeitgeber) adressieren.
- Entwickeln Sie eine Facebook-Fanseite für Ihren Wunscharbeitgeber.
- Senden Sie eine Serie witziger SMS.
- Schicken Sie der Sekretärin einen Blumenstrauß mit einer kurzen Bewerber-Info. Bitten Sie sie darum, sich für einen Termin beim Chef einzusetzen.
- Schicken Sie einen selbst gestalteten Puzzlestein mit dem Slogan: Ich bin der fehlende Puzzlestein für Ihr Team/Ihr Unternehmen.
- Bewerben Sie sich mit ein, zwei guten Kollegen im Team. Bauen Sie zwei Fotos ein und eine Lebenslaufmappe. Im Anschreiben legen Sie dar, warum man Sie *alle zusammen* braucht (etwa weil sich das schon seit zehn Jahren so bewährt hat).

Kreativmethoden für die Kreativstrategie

Wie komme ich auf Ideen? Kreativität ist (eine) Technik, die man in Maßen erlernen kann und für die es verschiedene Methoden gibt.

Paul Arden bringt das auf die einfache Formel: »Egal was du denkst, denk das Gegenteil.« Wenn Sie also denken, man sollte sich besser im Sommer nicht bewerben, weil da alle in Urlaub sind, kehren Sie das einmal um: Gerade deshalb sollten Sie sich bewerben, denn wer dann da ist, hat so viel zu tun, dass er jemanden wie Sie braucht …

Eine weitere Methode ist das klassische Brainstorming, bei dem Sie meistens zusammen mit anderen Ideen entwickeln. Sie können aber natürlich auch allein brainstormen. Sehr gut funktioniert auch die Mind-Map-Methode. Dabei entwickeln Sie aus einem Kern heraus weitere Ideen, starten vielleicht mit der Ausgangsfrage »Wie kann ich dieses Unternehmen kreativ ansprechen?« und sammeln rundherum grobe Ideen. Diese Ideen verfeinern Sie im nächsten Schritt weiter. Kreativität heißt auch: Sie trauen sich, Dinge zu tun, die mit dem Gewohnten brechen. Kreativ sein heißt, immer etwas gegen den Mainstream zu tun und anders zu machen. Und das ist dann allein eine Frage der inneren Einstellung. Wollen Sie in der konformen Masse untergehen oder sich mit unkonventionellen Ideen hervortun? Häufig wird Kreativität mit künstlerischer Gestaltung gleichgesetzt. Kreativität ist aber vielmehr die Fähigkeit, neue Lösungen für ein bekanntes Problem zu finden. Jeder von uns ist kreativ: egal ob es darum geht, ein Kunstwerk zu schaffen, eine neue Technologie zu entwickeln oder einfach darum, sich eine neue Ausrede einfallen zu lassen, warum man es wieder mal nicht geschafft hat, bei potenziellen Arbeitgebern anzurufen und sich vorzustellen … Abgesehen von der Umkehrdenkmethode, dem Brainstorming und Mind-Mapping gibt es noch eine ganze Reihe anderer Techniken, die uns helfen, mehr und bessere Ideen schneller zu finden: Sechs-Hüte-Modell, Provokative Ideen, Osbourne-Methode, morphologische Matrix, Reizworttechnik, 6–3–5-Methode und so weiter. Da findet sich für jeden Kopf eine Methode und für jedes Problem eine passende Technik. Zwei Methoden, die Sie vielleicht noch nicht kennen, möchte ich Ihnen näher vorstellen.

Sechs-Hüte-Modell

Sie haben eine tolle Idee, sind sich aber nicht sicher, ob sich diese Idee auch verwirklichen lässt? Edward de Bono entwickelte Anfang der 1960er-Jahre die sechs Hüte des Denkens, um eine Idee (oder auch eine Problemstellung) von verschiedenen Seiten aus zu beleuchten und Polarisierungen in Arbeitsgruppen zu überwinden. Jeder der sechs Hüte symbolisiert dabei eine andere Herangehensweise an die Idee. Sie wird dadurch nacheinander durch sechs verschiedene Perspektiven betrachtet. Alle Mitglieder tragen zur gleichen Zeit den gleichen Hut, das Problem wird ausführlich von einer bestimmten Warte aus beleuchtet. Die Gruppe arbeitet miteinander, nicht gegeneinander. Alle Blickwinkel werden nacheinander gemeinsam eingenommen. Die sechs Hüte haben unterschiedliche Farben, um sie zu kennzeichnen:

- Der weiße Hut steht für Informationen.
- Der rote Hut gibt Raum für Gefühle und Intuition.
- Der gelbe Hut beleuchtet Vorteile und Chancen.
- Der schwarze Hut warnt vor Risiken und Gefahren.
- Der grüne Hut sucht nach Alternativen.
- Der blaue Hut moderiert.

Setzen Sie sich mit sechs Bekannten zusammen. Jeder nimmt im Lauf des Prozesses jede Rolle ein. Am Ende sortieren Sie die Ergebnisse und ziehen ein Fazit. Selbstverständlich können Sie die Übung auch alleine durchführen. Versuchen Sie sich dabei abwechselnd die unterschiedlichen Hüte aufzusetzen und die Idee aus verschiedenen Perspektiven zu beleuchten.

6-3-5-Methode

Die 6-3-5-Methode, auch Brainwriting genannt, ist ähnlich wie das Brainstorming eine Methode, die darauf abzielt, in kurzer Zeit eine große Anzahl von Ideen zu sammeln. Der Name beschreibt auch die Vorgehensweise: Sechs Teilnehmer schreiben je drei Lösungsvorschläge in fünf Minuten auf. Anschließend werden diese Lösungsvorschläge von den anderen Teilnehmern in mehreren Stufen weiterentwickelt. Und so funktioniert es:

- Definieren Sie gemeinsam die zu lösende Aufgabe oder das Problem.
- Schreiben Sie die Problemstellung auf einen Bogen Papier.
- Jetzt haben Sie fünf Minuten Zeit. Schreiben Sie in dieser Zeit drei Ideen zur Lösung des definierten Problems auf. Benutzen Sie dazu am besten eine Tabelle mit drei Spalten und sechs Zeilen.
- Geben Sie das Blatt nach rechts weiter. Sie erhalten von Ihrem linken Nachbarn das Blatt mit seinen Ideen.
- Lesen Sie die Ideen und entwickeln Sie diese weiter. Sie haben wieder fünf Minuten Zeit, dann wird das Blatt weitergereicht.
- Nach dem sechsten Durchgang erhalten Sie Ihren eigenen Bogen zurück.
- Diskutieren Sie dann gemeinsam alle Lösungsansätze und einigen Sie sich auf die erfolgversprechendsten.

Schriftliche Unterlagen für Kreative

Sie müssen keine besonders »bunte« und durchgestylte Mappe erstellen. Manchmal liegt eine viel bessere und hochwertigere Kreativität in Worten. Dabei gilt: Je mehr »Stopper« in einem Brief oder Anschreiben enthalten sind, desto aufmerksamer wird er gelesen. Stopper sind Sätze, die den Leser zum Nachdenken bringen, sei es, weil er nicht weiß, wie sie gemeint sind, oder sei es, weil sie Fragen offenlassen. Doppeldeutige Aussagen sind dabei besonders spannend. Der Leser wird sich mit dem Satz länger beschäftigen und wahrscheinlich bald wissen wollen, wie er gemeint war. Damit entlocken Sie ihm einen Anruf – was Sie mit einem Standardtext nie erreicht hätten. Ob Sie im Rahmen der Kreativstrategie einen Lebenslauf verwenden, bleibt Ihrem Konzept überlassen. Spätestens zur zweiten Runde sollten Sie ihn aber parat haben. Arbeitsproben sind für Kreative unumgänglich. Eventuell runden auch schriftliche Referenzen das Bild von Ihnen ab.

Die Kreativstrategie Schritt für Schritt

1. Erstellen Sie eine Liste mit Unternehmen, die Sie kreativ ansprechen wollen.
2. Was denken Sie, welche Art von Kreativität mag hier gefragt sein? Website und Selbstbeschreibungen sowie der Auftritt des Unternehmens im Netz und bei Facebook sagen oft eine Menge.
3. Sammeln Sie Ideen mithilfe einer der vorgestellten Methoden oder Techniken.
4. Besprechen Sie die Ideen mit Bekannten, sofern diese offen sind. Hören Sie nicht auf Leute, die sagen: »Das tut man nicht!« Das Prinzip des Kreativen ist immer ein Abweichen vom Formalen!

Die Freie-Mitarbeit-Strategie – »Ich bin so frei«

Es ist spannend, in einem Start-up zu arbeiten. Nirgendwo sonst kann man so schnell so viel lernen und bewegen. Das Problem: Es ist wenig Geld für feste Gehälter vorhanden. Freie Mitarbeiter lösen dieses Problem. Sie sind schnell verfügbar und lassen sich ebenso schnell wieder loswerden. Andererseits: Hat sich ein zuverlässiger Mitarbeiter gefunden, macht er sich auch als »Freier« schnell unentbehrlich. Hierin liegen Ihr Vorteil und Ihre Chance. Warum also nicht einfach die freie Mitarbeit dort anbieten, wo Sie so gerne arbeiten würden?

Im IT-Bereich ist freie Mitarbeit oft besonders attraktiv, weil Sie dort sehr viel mehr verdienen können, als wenn Sie angestellt wären. Viele, die einmal damit anfangen, wollen gar keine Festanstellung mehr. Denn eins ist auch wahr: Nirgendwo ist man so sehr am Zahn der Zeit und aktuellen Themen wie bei Freelancer-Tätigkeiten im technischen Bereich. Der häufigere Wechsel bedeutet hier einen Vorteil, da dadurch auch die Erfahrungen vielseitiger werden.

Für wen sich diese Strategie eignet

Natürlich gibt es auch die freie Mitarbeit aus Not, auf die ich hier nicht weiter eingehen möchte, denn das ist keine Guerilla-Taktik, sondern meist eine Überbrückungsmaßnahme.

Ich meine die freie Mitarbeit aus Lust: weil Sie etwas verändern und bewegen und mitgestalten wollen. Meistens haben Sie dabei schon ganz bestimmte Unternehmen im Kopf.

Freie Mitarbeit aus Lust gibt es im schon genannten IT-Bereich. IT-Freelancer arbeiten in großen und kleinen Firmen oft über einen längeren Zeitraum als »Contractor«. Auch in der Baubranche ist diese Form der Arbeit bekannt, vor allem im Ausland. In vielen Bereichen ist der freiberufliche Einstieg jedoch weniger eine bewusste Entscheidung als vielmehr eine Not- oder besser: Übergangslösung. Weil es keine Jobs »sofort« gibt, steigen die Bewerber erst einmal frei ein.

Vorsicht, Falle

Immer mehr typische Angestelltenjobs verwandeln sich in freie Tätigkeiten. So ist selbst die freie Arzthelferin, die freie Krankenschwester oder freie Empfangssekretärin keine Ausnahme mehr. Aber aufgepasst: Wo frei draufsteht, muss nicht frei drin sein. Wenn es sich sogar um eine Scheinselbstständigkeit handelt, müssen Sozialversicherungsbeiträge gezahlt werden, unter Umständen auch im Nachhinein, und das kann teuer werden. So gibt es inzwischen auch freie Busfahrer und Paketbeförderer. Diese arbeiten für nahezu denselben Lohn wie ein Festangestellter, tragen aber das volle Risiko, etwa bei einem möglichen Unfall. Wenn Sie ausschließlich und über einen längeren Zeitraum (in der Regel zwölf Monate) nur für einen Auftraggeber tätig sind, ruft das zudem die Sozialversicherungsträger auf den Plan. Probleme entstehen durch diese Prüfung hauptsächlich dem Arbeitgeber, der eventuell Beiträge in die Sozialversicherungen nachzahlen muss.

Honorare verhandeln

Als freier Mitarbeiter gelten Sie als selbstständiger Unternehmer. Sie müssen alles selbst versteuern und auch die Sozialversicherungsbeiträge, mindestens die Krankenversicherung, zu 100 Prozent selbst finanzieren, es sei denn Sie haben aufgrund Ihrer Tätigkeit Anspruch auf eine Mitgliedschaft in der Künstlersozialkasse (www.kuenstlersozialkasse.de; dort finden Sie auch eine Liste der Berufe beziehungsweise Berufsgruppen, die die Vorgabe »künstlerisch tätig zu sein«, erfüllen).

Aus diesem Grund muss Ihr Honorar deutlich über dem eines Angestellten liegen – mindestens ein Drittel. Ich empfehle, nie unter 250 Euro am Tag (für 8 Stunden) tätig zu werden, sonst lohnt es sich nicht. Im IT-Bereich sprechen wir mindestens vom Doppelten, bei Beratern geht es ab 800 Euro los.

Wenn die freie Tätigkeit tatsächlich nur ein Vehikel für Sie ist und Sie den Wechsel in eine Festanstellung anstreben, dann sprechen Sie vorher mit dem potenziellen Arbeitgeber über Ihren Wunsch und die bestehenden Möglichkeiten. Treffen Sie Vereinbarungen wie: »Nach diesem dreimonatigen Auftrag sprechen wir noch einmal über die Umwandlung in eine Festanstellung.« Lassen Sie sich deshalb vertraglich einen bestimmten Rahmen zusichern.

Bewerben als freier Mitarbeiter

Stellen für freie Mitarbeiter werden so gut wie nie ausgeschrieben. Sie haben deshalb nur zwei Chancen, an eine solche zu kommen: anrufen oder Unterlagen/Angebot schicken. Der mündliche Weg ist auf jeden Fall der erfolgversprechendere. Vereinbaren Sie am besten, siehe Terminstrategie, ein persönliches Treffen. Das spart viel überflüssige Mühe und Papier und gibt Ihnen außerdem die Möglichkeit, sich individuell auf den (dann erfragten) Bedarf einzustellen.

Bewerben Sie sich nicht mit einer klassischen Bewerbung. Die meisten Firmen wollen von freien Mitarbeitern überhaupt keine kompletten Bewerbungsunterlagen haben, da ihnen das Bearbeiten viel zu viel Aufwand bereitet. Sie wollen vielmehr schnell erfahren, was Sache ist – und dafür reicht ihnen ein Profil völlig aus. Das ist eine übersichtliche Darstellung Ihrer Leistungen, Kompetenzen, Qualifikationen und Erfahrungen. Oft wird sogar sofort ein Termin zum gegenseitigen Kennenlernen abgemacht, ohne dass Sie zuvor Ihre Unterlagen schicken mussten. Ein Profil sollte folgende Aussagen beinhalten:

- persönliche Kurzvorstellung (Ausbildung, Abschlüsse, Kenntnisse, Erfahrungen, gegebenenfalls Zertifizierungen);
- meine Leistungen/was ich biete;
- meine Erfahrung/Hintergrund;
- meine Schwerpunkte;
- Referenzen/Auftraggeber.

Die Freie-Mitarbeit-Strategie Schritt für Schritt

1. Welche Unternehmen interessieren Sie, die derzeit kein Potenzial für einen festen Job haben?
2. Wie können Sie Kontakt aufnehmen? Checken Sie zunächst alle Möglichkeiten, einen Kontakt über Bekannte herzustellen.
3. Entwickeln Sie ein Profil zur Selbstdarstellung.
4. Kontaktieren Sie die Firmen/Agenturen erst einmal per Telefon. Vereinbaren Sie einen Termin. Alternativ einfach vorbeigehen oder Veranstaltungen besuchen, auf denen Sie Vertreter des Unternehmens antreffen.

Die Netzwerkstrategie – »Ich kenne da jemanden …«

Martin geht squashen, wenn er einen neuen Job sucht. Am Rande des Feldes oder nach dem Match beim Bier geht es dann um das Thema: »Ich suche wieder … die Entscheidung für den Job damals war falsch. Hast du nicht etwas gehört, kennst du nicht jemand?« Für Martin ist das der erste und sehr wichtige Teil seiner üblichen Jobsuche, die manchmal zweimal im Jahr und dann wieder nach vier Jahren angesagt ist. Andere Menschen, die ähnlich gestrickt sind wie Martin, treffen sich auf Autobahnraststätten mit Kontaktpersonen der Konkurrenz. Kurzer Schnack: »Klar, ich hör mich für dich um. Bei XYZ soll der Vertriebsleiter ausgewechselt werden. Soll ich den Kontakt herstellen?« Wiederum andere rufen einfach einige zentrale Telefonnummern an, hören sich in der Nachbarschaft um oder unter den Eltern der Kindertagesstätte. Der Rest ergibt sich, weil es immer irgendjemand gibt, der gerade jemand sucht – oder weil immer jemand irgendjemand kennt, der jemand braucht … Dabei kann es um ganz unterschiedliche Jobs gehen: die Vertriebsleitertätigkeit wie bei Squasher Martin, den Empfang beim Zahnarzt, die Übersetzertätigkeit in der Agentur oder die Führungsposition bei einem Großkonzern.

Je höher Sie beruflich stehen und je spezialisierter Sie fachlich sind, desto wichtiger werden dabei in der Regel Job-Netzwerke – also Menschen, die Sie im Laufe des Berufes kennen gelernt und um sich geschart haben. Trotzdem stimmt die Gleichung »viele Kontakte = keine Probleme« bei der Jobsuche oft nicht. Eine Menge Menschen haben zwar viele Kontakte, wissen diese aber nicht richtig zu nutzen. Die Netzwerkstrategie funktioniert nämlich nicht über »Masse«, sondern vor allem auch über »Klasse«: das Wissen – oder besser: das Geheimnis – um die Art des Umgangs mit den Kontakten. Aber dazu später mehr. Das berufliche Netzwerken besitzt zwei Ebenen: Zum einen geht es um das Engagement in beruflichen und privaten Netzwerken und zum anderen um die »informellen« Netzwerke, also letztendlich die gesammelten Einzelkontakte, auch abfällig »Vitamin B« genannt (jedenfalls in Situationen, in denen diese genutzt werden).

Für wen sich diese Strategie eignet

Die Netzwerkstrategie eignet sich für jeden, denn ein gutes Netzwerk hilft ebenso der Arzthelferin wie dem Vertriebsleiter. Bei der Jobsuche spielen dabei jedoch oft unterschiedliche Netzwerke eine Rolle: Handelt es sich um Bewerber mit breiter, branchenübergreifender Qualifikation (Buchhalter, Bürokräfte etc.), sind es eher die privaten Helfer, die mitsuchen und oft finden. Spezialisten entdecken Jobs dagegen eher in ihrem beruflichen Umfeld. Hier fällt die Netzwerk- nicht selten mit der Expertenstrategie zusammen.

Meine Erfahrung

Ich bin Mutter von zwei kleinen Kindern. In meiner alten Firma – einer Werbeagentur – konnte ich nicht mehr arbeiten, obwohl ich Geld verdienen musste, weil mein Mann sich gerade selbstständig gemacht hatte und nicht genug für vier verdiente. In der Agentur waren Arbeitszeiten bis 21 Uhr völlig normal und danach ging es auf die Piste.

Irgendwann wurde mir die Kündigung unter die Nase gehalten. Ich bin gerichtlich dagegen vorgegangen und habe noch eine Abfindung obendrauf kassiert. Aber das reichte nur für ein paar Monate. Ich brauchte einen Job. Das habe ich auch bei jeder Gelegenheit jedem erzählt: den Nachbarn auf der Straße, Freunden, Ex-Kollegen. Nach wenigen Wochen bekam ich den Anruf einer bekannten Firma, die eine Übersetzerin auf 20-Stunden-Basis suchte. Genau der richtige Job für mich. Den Kontakt hatte der Mann einer Nachbarin hergestellt, der in der gleichen Firma arbeitet. Er hatte von meiner Suche gehört und gleich gesagt, dass er da jemand kenne. Ich bin sofort zum Vorstellungsgespräch und habe am nächsten Tag schon angefangen. Meine Unterlagen habe ich dann irgendwann für die Personalabteilung mitgebracht. Reingeschaut hat niemand mehr. *Petra, 34 Jahre*

Welche Risiken diese Strategie birgt

Gleich welches Netzwerk Sie nutzen wollen: Das größte Risiko liegt darin, sich entweder zu stark zurückzuhalten oder aber zu fordernd aufzutreten. Menschen, die sich nur mit dem Ziel der Jobakquisition in Netzwerke begeben oder nur aus dem einen Grund immer wieder bei »alten« Bekannten anrufen, sind dort überaus ungern gesehen. Geben und Nehmen gehören zusammen! Ein weiteres Risiko liegt darin, sich die falschen Netzwerke auszuwählen. Es gibt aktive und weniger aktive Netzwerke, richtige Schnarch-Vereine und hoch aktive. Außerdem eignet sich nicht jedes Netzwerk für jeden. Eine weitere Gefahr besteht darin, sich zu verzetteln: auf zu vielen Hochzeiten zu tanzen, zu viel zu machen – und dabei nichts richtig. Besser als viele halbherzige Engagements ist ein richtiges.

Das Geheimnis des Netzwerkens

Man muss ein Hansdampf in allen Gassen sein? Unsinn. Auch introvertierte, leise Menschen können gute Netzwerker sein. Manchmal sind sie auf ihre stille Art sogar erfolgreicher, denn sie achten auf Qualität.

- Gute Netzwerker haben nicht nur Kontakte, Sie nutzen sie auch.

- Gute Netzwerker geben und nehmen in einem ausgewogenen Verhältnis.
- Gute Netzwerker investieren am Anfang in eine Beziehung, Sie nehmen nicht sofort.
- Gute Netzwerker interessieren sich für den Menschen und nicht nur für seine Qualitäten als Jobvermittler.
- Gute Netzwerker können um etwas bitten, es tut ihnen nicht weh.
- Gute Netzwerker kommen zur rechten Zeit auf den Punkt, also nach einem Warm-up.
- Gute Netzwerker fühlen sich *nicht* schlecht dabei, zum Geschäftlichen zu kommen und um etwas zu bitten. Es ist ja nur ein Tagesordnungspunkt.
- Gute Netzwerker sind, und das ist ganz entscheidend, zudem fähig, Beziehungen aufrechtzuerhalten.
- Gute Netzwerker schätzen jeden Kontakt wert, und nicht nur die besten Freunde. Für sie gibt es auch Wegbegleiter, die sie ernst und wichtig nehmen und bei denen sie sich immer mal wieder melden – ohne zu große Nähe zu suchen und zu bieten.

Die richtige Mischung aus Nähe und Distanz gelingt Männern meist wesentlich besser als Frauen. Männer sind von daher oft auch leichter in der Lage, Nutzen aus Ihren Netzen zu ziehen, siehe Martin. Sie haben weniger Dünkel und sind nicht nachtragend. Das soll jedoch nicht heißen, dass Frauen keine fähigen Netzwerkerinnen sind. Sie müssen die Kunst des Netzeknüpfens oft aber lernen und im Kopf bisweilen mehr Schalter umlegen als Männer.

Meine Erfahrung

Ich habe mich immer gesträubt, meine Kontakte auszunutzen. Ja, auszunutzen – dieses Wort habe ich mit dem Netzwerken in Verbindung gebracht. Nach zwei Jahren oder länger den Kontakt suchen, nur weil man einen Aufhebungsvertrag unterschrieben hat – nein, das wollte ich nicht. Neun Monate weigerte ich mich, von meinem Weg – auf Stelleninserate hin Bewerbungen zu schreiben – abzukommen, obwohl Frau

Hofert immer wieder versuchte, mir die Bedeutung des Netzwerkens darzulegen. Als nur Absagen eintrudelten, habe ich mir dann einen Stoß gegeben und einen alten Freund angerufen, der inzwischen Marketingleiter in München ist. Wir haben uns getroffen und über Möglichkeiten gesprochen. Es war ein angenehmes Gespräch. In seinem Unternehmen war aktuell nichts zu machen, aber er gab mir Tipps, wo ich es noch versuchen könne. Das positive Gespräch gab mir einen Schub, es weiter auf diesem Weg zu versuchen. Ich habe dann tatsächlich eine Stelle gefunden, und das hat keine weiteren zwei Monate gedauert.

Monika, 29 Jahre

Jeder kennt jeden über sechs Ecken

Das ist wissenschaftlich erwiesen und eindrücklich auszuprobieren, beispielsweise bei Xing. Geben Sie Ihren Namen ein und den Namen einer Person, zu der Sie Kontakt aufnehmen wollen: Sie sehen sofort, wie viele Personen zwischen Ihnen stehen – es sind nie mehr als sechs, bei mir persönlich sogar regelmäßig maximal zwei. Haben Sie ein vollständiges Netzwerk bei Xing? Wenn Sie einen Job suchen, sollte es eine ihrer ersten Maßnahmen sein, daran zu arbeiten. Manchmal müssen Sie sich dazu erst einmal erinnern und Ihre Vergangenheit Revue passieren lassen.

Setzen sich einfach einmal hin und zählen Sie Ihre Kontakte. Wie vielen Menschen sind Sie im Laufe Ihres Lebens begegnet, mit denen Sie mindestens ein paar Worte ausgetauscht haben? An viele Menschen werden Sie sich nicht mehr erinnern, aber Sie können grob schätzen, wie viele es wahrscheinlich waren:

- Mit wem habe ich in der Sandkiste gespielt?
- Wen habe ich in der Schule kennen gelernt?
- Wer waren meine Studien- und Ausbildungskollegen?
- Wer ist mir beim Sport begegnet?
- Wer ist mir beim ehrenamtlichen Engagement begegnet?

- Wen kenne ich aus dem ersten, zweiten, dritten Job?
- Wen kenne ich aus Weiterbildungsveranstaltungen?
- Wer ist mir auf der Straße, beim Einkaufen begegnet?
- Welche Urlaubsbekanntschaften habe ich?
- Welche Bekannten kenne ich über Partner?
- Welche über meine Kinder?
- Welche Nachbarn habe ich im Laufe der Zeit kennen gelernt?

Wenn Sie einfach einmal überschlagen, zu wie vielen Personen Sie mehr als Hallo gesagt haben, kommen Sie schnell auf mehr als tausend. Das ist Ihr Netzwerk. Und es ist noch größer, denn zum Netzwerk gehören auch die Kontakte hinter Ihren Kontakten. Jeder Schulfreund hat seinerseits mehr als 1 000 lockere oder intensive Beziehungen aufgebaut, die er für Sie nutzen kann. Menschen, mit denen er Beziehungen pflegt, kann er dazu bewegen, in ihrem eigenen Netzwerk für Sie tätig zu werden. Schauen Sie also über den direkten Kontakt hinaus in dessen Umfeld – so ergeben sich noch viel mehr Möglichkeiten. Anni hat einen Freund, der in einem Zukunftsinstitut arbeitet. Peter kennt über seinen Bekannten Henri jemand, der ein Elektrogeschäft besitzt. Guido besitzt als Partner einer Steuerkanzlei den direkten Draht zu fast allen mittelständischen Unternehmen im Ort.

Durch diese Übung sind Sie mit Sicherheit auf eine Reihe von Namen gekommen. Googeln Sie diese und verbinden Sie sich mit Ihnen bei Xing oder Facebook. Sprechen Sie in dieser Phase noch nicht von Jobsuche, sagen Sie erst einmal einfach Hallo. Denn hier geht es zunächst um den Aufbau eines Basis-Netzwerkes.

Gezielt Kontaktlisten erstellen

Mit strategischem Sinn sollten Sie an die Sache herangehen, wenn Sie sich beruflich verändern möchten und dafür Ihr Netzwerk erweitern. Fragen Sie sich, welche Menschen und Experten in diesem für Sie neuen Feld wichtig sind, und überlegen Sie, wie Sie Kontakt aufnehmen können. Finden Sie eine Gemeinsamkeit im Profil? Das ist eine Möglichkeit, sich ganz einfach zu verxingen. »Wir haben ein gemeinsames Hobby« klingt besser als »Ich möchte Sie zu meinen Kontakten hinzufügen«. Über individuelle Kontaktanfragen habe ich in meinem Blog eine Menge geschrieben. Suchen Sie bei www.svenja-hofert.de einfach mal unter dem Stichwort »Xing«.

Vielleicht können Sie die eine oder andere Person auch um ein Gespräch bitten. Experten helfen gern, wenn Sie als solche angesprochen werden. Überlegen Sie für jede Person, die Sie kontaktieren möchten, individuell, wie Sie vorgehen. Das kostet mehr Zeit, ist aber qualitativ hochwertiger. Es gibt bei Xing auch viele Nutzer, die auf Masse setzen, davon halte ich wenig.

Welche Netzwerke gibt es?

Zu den losen Netzwerken zählen beispielsweise Stammtischrunden in Kneipen. Bei diesen Treffen werden zwanglos Informationen ausgetauscht und Beziehungen gepflegt – für die aktive Jobsuche ideal. Auch der Freundes- und Bekanntenkreis, die Nachbarn oder die Eltern aus dem Kindergarten oder der Schule gehören zu den losen Netzwerken.

Horizontale Netzwerke sehen Sie überall dort, wo gleichartige berufsspezifische Verbindungen bestehen. Sie haben einen Verbandscharakter oder eine ähnlich feste Struktur. Für die aktive Jobsuche sind sie weniger geeignet, weil viele Menschen mit gleichem beruflichen Hintergrund aufeinandertreffen, die letztendlich um ähnliche Stellen konkurrieren. Es gibt allerdings Netzwerke, die auch karrierefördernd wirken, weil Headhunter beispielsweise unter den Mitgliedern suchen oder das Netzwerk dem Mitglied eine Plattform bietet, um sich mit seinem Namen und Profil – etwa in Datenbanken, aber noch besser persönlich – zu präsentieren. Zu den horizontalen Netzwerken gehören beispielsweise sogenannte Lobby-Netzwerke (Berufsverbände, in denen Sie sich engagieren).

Vertikale Netzwerke sind in der Regel berufsübergreifend und haben das Ziel, Menschen unterschiedlichster beruflicher Prägung zueinander in Beziehung zu bringen. Diese Netzwerke sind gut für die unmittelbare Karriere, weil verschiedene Berufe und idealerweise auch hierarchische Ebenen aufeinandertreffen.

Diagonale Netzwerke beruhen zumeist auf weitreichenden persönlichen, häufig privaten Kontakten, die man individuell im Laufe der Zeit geknüpft und gepflegt hat und im Rahmen strategischer Allianzen nutzt. Das ist der Netzwerkrahmen, in dem auch besagtes »Vitamin B« zum Tragen kommt.

Meine Erfahrung

Vor einigen Jahren bin ich durch ein Webgrrl – die Webgrrls sind ein Netzwerk aus internetaffinen Frauen – an einen Praktikumsplatz gekommen. Das geschah noch am Abend des persönlichen Kennenlernens. Ich hab bei einem Rundfunksender in der Online-Abteilung das Praktikum gemacht und war danach dort auch noch weiter beschäftigt. Solche Praktika werden offiziell nicht ausgeschrieben. Ohne die Webgrrls wäre ich da nie reingekommen.

Dinah, 42, Mediendesignerin

Vitamin-B-Netzwerk

Eine hohe Dosis Networking führt automatisch zu Vitamin B. Diese weit verbreitete Form der Beziehung hat in Deutschland immer noch etwas Anrüchiges: Da ist jemand, der bekommt seinen Job nur dank Vitamin B. »So eine Riesenflasche, der hat doch was mit der Chefin, liegt ja auf der Hand …« Und so weiter. Hier spielen Neid und Vorurteile mit hinein. Neid auf die, die es im Leben offensichtlich leichter haben, obwohl sie fachlich keine Überflieger sind. Außerdem Neid auf Menschen, denen es gelingt, Kontakte aufzubauen und zu halten. Dazu kommt noch das Vorurteil, dass Menschen, die Vitamin B auf eine Position befördert hat, schlechter arbeiten als andere.

Das stimmt so nicht. Es verhält sich aber folgendermaßen: Jeder Chef möchte natürlich gern loyale Mitarbeiter um sich haben, am liebsten solche, die er aus früheren Tätigkeiten kennt und dabei schätzen gelernt hat. Dass er diese dann gerne in neue Positionen »mitnimmt«, versteht sich fast von selbst. Die Bewerbung einer anonymen Person liefert keinerlei Sicherheit. Bewirbt sich jedoch jemand, für den eine andere Person die Hand ins Feuer legt, sieht die Sache schon ganz anders aus. Es ist ein wirkungsvolles Indiz dafür, dass dieser Kandidat »aus dem Off« gute Arbeit leistet. Kaum jemand wird totale Versager empfehlen, nur weil sie gute Bekannte sind – zumal die Empfehlung auf einen selbst zurückfallen kann. Eine Empfehlung ist deshalb in den meisten Fällen ernst gemeint, und empfohlen wird auch nur der, der in seinem Job gut ist.

Meine Erfahrung

Schon bei der Diplomarbeit fing es mit der »Guerilla-Bewerbung« an. Ein Kommilitone hat mir eine Diplomarbeit bei einem Fraunhofer Institut verschafft. Ich hab ihn einfach gefragt, und er hat mir angeboten, dort nachzufragen. Und ich habe dann auch die Zusage bekommen. Nach dem Diplom hat mir die Betreuerin meiner Arbeit über ihre persönlichen Kontakte einen Arbeitsplatz vermittelt. Ich wurde dort auch eingestellt. Leider ging es der Firma plötzlich finanziell nicht so gut, und so wurde ich nach drei Wochen zusammen mit meinem Chef und anderen Mitarbeitern entlassen. Zurzeit arbeite ich in dem Institut als studentische Hilfskraft. Mein ehemaliger Chef hat mich neulich angerufen: Er hat einen Job für mich!

Gaby, 48, Diplom-Politologin

Wie netzwerke ich richtig?

Netzwerken beinhaltet regelmäßige Kontaktpflege, einen Anruf ab und zu, eine nette E-Mail, die Karte zum Geburtstag. Egal, wie weit weg Sie sind oder welche Wege Sie getrennt haben, ein loses Band bleibt dadurch erhalten. Dabei reicht ein Kontakt im Jahr. Schon damit zeigen Sie, dass Sie an den Menschen denken, und bringen sich ganz sicher in gute und positive Erinnerung. Denn: Sie melden sich, ohne dass Sie etwas wollen. Richtiges Netzwerken ist nie direkt zweckgebunden. Dass es letztendlich zu einer besseren Jobversorgung führt, ist ein angenehmer Nebeneffekt. Zum Netzwerken gehört aber auch, dass Sie helfen und Wissen weitergeben – und auch das sollte nicht zweckgebunden sein und ohne den Hintergedanken geschehen: »Jetzt ist er mir etwas schuldig.« Der Dank kommt sowieso. Vielleicht nicht heute oder morgen, sondern in ein paar Jahren. Dann, wenn Sie einen Job suchen. Dann sitzt Ihr Bekannter vielleicht auf einer wichtigen Stelle oder kennt durch seine Tätigkeit Hinz und Kunz.

Kontakt aufnehmen

Am besten findet Ihr erstes Gespräch mit dem neuen-alten Kontakt, den Sie in Ihre Jobsuche involvieren möchten, persönlich und unter vier Augen statt. Laden Sie ihn zum Essen oder zu einer kulturellen Veranstaltung ein. Ist wenig Zeit und der Abstand groß, funktioniert das Telefon immer noch besser als die anonyme E-Mail. Das gilt vor allem dann, wenn Sie Vereinbarungen treffen. Und das sollten Sie tun!

Fragen Sie nicht nur nach Jobs im direkten Umfeld, sondern bitten Sie Ihren Kontakt auch, die Augen für Sie offen zu halten. Entwickeln Sie mit ihm gemeinsam Ideen (siehe auch Kapitel »Kettenbrief-Strategie«), wie und wo er genauer hinschauen kann. Verabreden Sie sich auch, um Ergebnisse zu besprechen. Ob Sie direkt mit Ihrem Anliegen einsteigen oder erst einmal über Gott und die Welt reden, hängt von Ihrer Persönlichkeit ab. Entscheiden Sie, womit Sie sich besser identifizieren können. Sicher lockert guter Small Talk die Situation auf und erhöht die Bereitschaft, sich auf den anderen einzulassen. Erkundigen Sie sich nach seinem Befinden und zeigen Sie Interesse – das ist der Boden, auf dem Sie Ihr Anliegen vorbereiten. Geht das aber nicht und Sie haben ein ungutes Gefühl dabei, erst einmal zwanzig Minuten zu »labern«, bevor Sie zur Sache kommen, dann machen Sie es so, wie Sie es für richtig halten.

Empfehlungs-Netzwerken

Es ist nachgewiesen, dass gute Mitarbeiter auch ähnliche Freunde haben, denn ähnliche Hintergründe und Motivationen ziehen sich an. So sind sehr leistungsaffine Personen oft mit anderen verbunden, die ebenso ehrgeizig sind. Es ist also keine Überraschung, dass es auch für Firmen ein großer Nutzwert ist, wenn Sie die Freunde und Bekannten ihrer bewährten Mitarbeiter einstellen. Bitten Sie also gute Kollegen ruhig, Sie in der Firma Ihrer Wahl zu empfehlen. Auch weiter entfernte Personen können Sie um eine Empfehlung bitten. Das werden diese sehr gern tun, wenn Sie überzeugt sind von Ihrer Leistung oder von Ihnen als Mensch.

Meine Erfahrung

Ein Nachbar meiner Eltern (den ich auch sehr lange kenne) hat einen Sohn, der eine IT-Firma leitet. Der Nachbar hat mich dort empfohlen, weil er große Stücke auf mich hält, seitdem ich seinen Computer repariert habe. Ich konnte mich gleich persönlich vorstellen.

Patrick, 49, Programmierer

Mentoren gewinnen

Fürsprecher begleiten einen das ganze Leben – wenn Sie den Kontakt zu diesen Menschen sorgsam pflegen. Mentoren sind meist etwas ältere und erfahrenere Personen, auf die andere hören, weil sie etwas zu sagen haben. Das können Lehrer, Professoren oder Unternehmer sein. Sie setzen sich aus freien Stücken für Sie ein, weil sie Sie als Mensch und Fachmann schätzen und weil sie an Ihre Karriere glauben. Versuchen Sie schon in Studium und Ausbildung gezielt solche Mentoren zu gewinnen. Pflegen Sie diese Kontakte regelmäßig, indem Sie sich immer mal wieder melden, Briefe schreiben oder einmal im Jahr zu einem persönlichen Treffen verabreden. Mentoren verfügen fast immer über ein eigenes großes Netzwerk und sind gerne bereit, dieses zu aktivieren, wenn ihr Mentee Hilfe braucht.

Schauen Sie in Ihre Vergangenheit: Hatten Sie bereits Mentoren, ohne das zu bemerken?

____

____

Wer könnte Ihr Mentor werden? Was müssten Sie dafür tun?

____

____

Das passende Netzwerk

Ich bin der Meinung, dass jeder Mensch neben dem Internet-Netzwerk auch zwei gute Präsenz-Netzwerke braucht: eines zum fachlichen und eines zum übergreifenden Austausch.

Sie haben noch kein Netzwerk, in dem Sie sich dauerhaft engagieren? Sie haben sich immer herausgehalten? Keine Lust oder Zeit gehabt? Dann ist es höchste Zeit, sich einen eigenen Kreis aufzubauen. Suchen Sie sich ein oder zwei Netzwerke aus, in denen Sie sich wirklich engagieren können und wollen. Das kann eine Frauenvereinigung, ein Sportverein, ein beruflicher, wirtschaftlicher oder politischer Verband sein. Um die Atmosphäre und den Grad des Engagements im Netzwerk zu erspüren, sollten Sie an Veranstaltungen teilnehmen, bevor Sie Mitglied werden. Holen Sie auch die Meinung anderer Mitglieder ein.

Fest steht: Es bringt nichts, irgendwo nur dabei zu sein und Gebühren zu zahlen. Sie müssen auch Ihrerseits etwas einbringen. Das fängt mit dem Besuch von Stammtischen an und hört mit dem Ehrenamt auf. Kontakte bauen sich dann ganz von allein auf. Pflegen Sie diese auch in weniger aktiven Zeiten. Stellen Sie fest, dass keines der bestehenden Netzwerke für Sie und ihre speziellen Wünsche geeignet ist, dann sollten Sie selbst aktiv werden. Egal ob es sich um ein rein beruflich orientiertes Netzwerk, ein Diskussionsforum im Internet oder einen zwanglosen Stammtisch handelt: Sie als Initiator machen sich schnell einen Namen und gewinnen so relativ rasche neue Kontakte, die sich bei Ihrer Jobsuche als hilfreich erweisen können.

Beispiele für Netzwerkadressen

- Bundesverband Sekretariat und Büromangement: *www.bsb-office.de/*
- Deutscher Beamtenbund: *www.bte.dbb.de/*
- VDE (*www.vde.de*): Über 33 000 Ingenieure, IT-Experten, Unternehmen und Studenten sind Mitglied im VDE
- Webgrrls (*www.webgrrls.de*): Frauen mit hohem Bezug zum Internet
- Lions Club (*www.lions-club.de*): Mehr als 1,3 Millionen Mitglieder weltweit
- Rotary (*www.rotary.de*)
- Bund der Frau im freien Beruf und Management (*www.bfbm.de*): Verband für Akademikerinnen und Frauen in Führungspositionen

- Business und Professional Woman (*www.*BPW-*Germany.de*): Sehr aktiver Verband mit mehr als 1 000 Frauen bundesweit

Die Netzwerkstrategie Schritt für Schritt

1. Vervollständigen Sie Ihr Basis-Netzwerk. Sind Sie mit allen ehemaligen Bekannten und Freunden online vernetzt?
2. Sind Sie ausreichend aktiv auch in Offline-Netzwerken. Wenn nicht, suchen Sie sich passende Netzwerke oder gründen Sie welche.
3. Erstellen Sie Kontaktlisten mit Personen, die für Sie bei der Jobsuche wichtig werden können oder die Ihnen eine Brücke zur gewünschten Branchen bauen können.
4. Entwickeln Sie für jeden dieser Wunschkontakte eine individuelle Strategie, wie Sie den Kontakt aufnehmen möchten.
5. Verstärken Sie in der Jobsuche-Phase Ihre Aktivitäten. Binden Sie das ganze Netzwerk online und offline in die Jobsuche ein (sofern sie offiziell ist). Besuchen Sie Vorträge, Seminare, Workshops.

Die Projektstrategie – »Ich packe an«

Die Projektstrategie beinhaltet, wie der Name schon sagt, dass Sie über ein Projekt einsteigen, aus dem sich vielleicht eine Festanstellung oder ein dauerhafteres Engagement ergibt. Diese Methode bietet sich überall dort an, wo es nicht genügend Gelder für eine Stelle gibt, oder da, wo nicht genau absehbar ist, wie sich ein Bereich entwickelt. Die Strategie, einem Unternehmen ein Projekt vorzuschlagen, eignet sich auch dann, wenn Sie sich neu orientieren und selbst noch nicht so genau wissen, ob ein bestimmter Bereich etwas für Sie ist.

Haben Sie ein Projekt erfolgreich zu Ende gebracht, stehen Ihnen oft alle Türen offen, nicht nur in diesem, sondern auch in anderen Unternehmen. Nicht selten wird ein Projekt in die Praxis überführt und dort ohne zeitliche Befristung genutzt. Dafür braucht man Menschen, die sich damit auskennen.

Für eine soziale Einrichtung oder ein Unternehmen bedeutet es kaum ein Risiko, Sie als Projektmitarbeiter einzustellen, da Sie ja nur für einen überschaubaren Zeitraum engagiert werden. Zudem ist sogar erwiesen, dass sich Projektarbeiter stärker ins Zeug legen, gute Ergebnisse zu erzielen. Ihre Projekte sind sichtbar und fassbar – allein das weckt oft schon einen ganz anderen Ehrgeiz und fordert die Einsatzbereitschaft. Schließlich stehen sie am Ende des Projekts mit einem Ergebnis da, das sich messen lässt und – in den meisten Fällen – nun dem Alltag standhalten muss. Das hohe Engagement der beteiligten Mitarbeiter führt dazu, dass Folgeprojekte sich oft automatisch ergeben: Wer einmal durch ein erfolgreiches Projekt Fuß gefasst hat, sitzt in der Regel fest »im Sattel« und braucht keine Bewerbungen mehr zu schreiben. Oft ist eine zeitbegrenzte Projektarbeit auch der Einstieg in die unbegrenzte Festanstellung. Der Vorteil für den Arbeitgeber und für Sie: Sie können sich bewähren und beweisen, der Arbeitgeber kann Sie »testen«.

Meine Erfahrung

Als Volkswirtin habe ich immer in sozialen Projekten gearbeitet, die meist auf zwei oder drei Jahre begrenzt gewesen sind. Das kann ein Internetcafé für Senioren oder ein innovatives Schulungsprogramm für Hauptschüler sein. Ich habe Konzepte entworfen und auch komplexere Projekte von A bis Z auf die Beine gestellt. Ich habe gesehen, wie aus einem theoretischen Stück Papier Praxis wurde. Das ist und war immer extrem befriedigend, da ich ohnehin ein Typ bin, dem schnell langweilig wird. Bewerbungen schreiben war bisher nie nötig, das läuft immer alles von selbst. Schon während der Projekte werde ich angesprochen und kann mir das nächste meist aussuchen. Mir macht es auch nichts aus, mal ein paar Monate zu pausieren, im Gegenteil. Ich weiß, dass danach etwas kommt. Jetzt bin ich wieder in so einer Situation des Wechsels und entscheide mich gerade. Schriftliche Unterlagen? Die habe ich seit mehr als zwölf Jahren nicht mehr gebraucht.

Gabi, 47 Jahre

Für wen sich diese Strategie eignet

Projektarbeit ist auf dem Vormarsch. Ob Geologe, IT-Spezialist, Journalist oder Pädagoge: Die Arbeit als Projektleiter oder Projektmitarbeiter in einer bestimmten Rolle – etwa als Texter, Grafiker, Konzeptionist oder Techniker – kommt für fast alle akademischen Berufsgruppen infrage. Kleinere Projekte bestehen oft nur aus einer einzigen Person: dem Projektleiter. Bei größeren Projekten gibt es außerdem noch mehrere Projektmitarbeiter.

Projektarbeit ist nicht für jede Persönlichkeit geeignet. Manche Menschen haben Schwierigkeiten damit, Dinge aufzubauen und zu einem klaren Ende zu führen, die zeitliche Befristung belastet sie. Als Projektleiter stehen Sie zudem im Zentrum der Aufmerksamkeit, was auch Stress erzeugen kann. Auf der anderen Seite kommt es vielen aber auch sehr entgegen, zeitbegrenzte Tätigkeiten auszuüben. Das sind vor allem Menschen, denen schnell langweilig wird. Abwechslung im Job ist bei Projektarbeit jedenfalls garantiert.

Beispiele für Projektarbeit

Projekte gibt es in allen großen und kleinen Firmen. Beispiel: Ein ganzer Firmenzweig soll von München nach Augsburg verlegt werden – ein Projekt, das einen kompetenten Personaler erfordert, der nicht unbedingt bei dem Unternehmen angestellt sein muss. Oder: In einem Unternehmen soll das Warenwirtschaftssystem auf SAP umgestellt werden, eine Institution will ihre Hardware umrüsten oder es soll ein neues Abwassersystem eingeführt werden. Im sozialen Bereich stoßen Institutionen viele Projekte selbst an, entwickeln also Ideen und Konzepte und etablieren diese. Dazu beantragen die Institutionen Fördermittel aus Bundes- und Landestöpfen sowie vom Europäischen Sozialfonds (ESF). Viele Menschen schaffen sich darüber ihre Stellen auch selbst: Sie beantragen Fördermittel, die die Schaffung eines Jobs erlauben.

Formen der Projektarbeit

Als Projektarbeiter sind Sie entweder selbstständig und arbeiten auf eigene Rechnung oder Sie sind angestellt. Das hängt meist auch von der Dauer des Projekts und der Art der Tätigkeit ab.

Nur der sozialversicherungsrechtliche Status unterscheidet Sie wirklich von einem Angestellten. Projektmitarbeit ist nicht mit einer unternehmerischen Vollexistenz zu vergleichen, bei der Sie sich vermutlich nicht so lange an einen einzigen »Kunden« binden würden. Sehr wahrscheinlich erhalten Sie als Freelancer-Projektmitarbeiter eine Vergütung, die mindestens ein Drittel und oft mehr als das Doppelte eines vergleichbaren Angestelltengehalts beträgt. Je nach Tätigkeit sind Sie dabei steuerrechtlich Freiberufler oder Gewerbetreibender.

Klären Sie Ihren steuerrechtlichen Status vor Aufnahme der Tätigkeit mit dem Finanzamt. Sie ersparen sich damit späteren Ärger und mögliche Gewerbesteuerzahlungen. Kaum ein Unternehmen kann es sich leisten, Sie mehr als zwölf Monate ohne Arbeitsvertrag zu beschäftigen, der Verdacht der Scheinselbstständigkeit liegt in so einem Fall nahe. Und das kann teuer werden, da das Unternehmen zur Nachzahlung von Sozialversicherungsbeiträgen verpflichtet wird.

Meine Erfahrung

Ich habe bisher eigentlich immer erst Bewerbungen abgegeben, wenn ich schon zu 80 bis 90 Prozent sicher wusste, dass ich den Job kriege. Da waren die Gespräche schon gelaufen. Ich arbeite vor allem im Wissenschaftsbereich und bin noch relative Berufsanfängerin (drei Jahre, drei Projekte, jetzt Qualifikationsstelle mit Lehrverpflichtung, vorher vier Jahre studentische Hilfskraft und Werkverträge). Mein Vorteil dabei waren gute Verbindungen aus Praktika und die Bereitschaft, ungeliebte Projekte erfolgreich zu Ende zu bringen, sodass sich im Anschluss immer eine bessere Tätigkeit fand. Weitere Pluspunkte: Loyalität und Durchhaltevermögen. Die Kehrseite war wie immer bei befristeten Verträgen und Selbstständigkeit eine gewisse Unsicherheit.

Anja, Diplom-Sozialwissenschaftlerin

Projekte anbieten

Sie wollen ein neues Projekt initiieren? Dann sollten Sie als allerersten Schritt Partner für Ihre Idee gewinnen. Einflussreiche Menschen, die Sie unterstützen, eventuell auch, wenn es darum geht, Ideen bei Geldgebern und Behörden durchzusetzen oder den richtigen Geldtopf zu finden. Dies können Professoren sein, leitende Angestellte oder Politiker. Scheuen Sie nicht den Kontakt bis auf höchste Ebene. Es ist ein mutiger Schritt, bei einem Unbekannten anzurufen, aber einer, der sich sehr oft auszahlt, wenn Sie es schaffen zu überzeugen – am Telefon oder in einem persönlichen Gespräch. Bei Bei Behörden funktioniert oft auch der schriftliche Weg, denn Sie können recht sicher sein, dass auf jeden Brief geantwortet wird. Sie können Ihre Idee auch bei entsprechenden Stellen einreichen. So fordert der Europäische Sozialfonds Hessen (www.esf-hessen.de) auf seiner Website ganz offiziell dazu auf, gute Projektideen einzureichen. Neben Bildungsträgern sind hier immer auch Einzelpersonen angesprochen.

Auch wenn der Schritt »Ausdenken und Einreichen« prinzipiell möglich ist, zeigt die Praxis jedoch, dass es von großem Vorteil ist, wenn Sie einen Partner haben. Dies kann ein Bildungsträger sein, eine Schule, eine Universität oder Fachhochschule, eine Initiative oder ein Verein. Bedenken Sie bei der Suche nach Projekten auch, dass es immer bestimmte Strömungen und Trends gibt, die sehr stark politisch geprägt sind. Informieren Sie sich über diese Trends auf den Seiten der Bundesministerien, zum Beispiel dem Bundesministerium für Bildung und Forschung (BMBF) oder dem Wirtschaftsministerium (BMWi).

Meine Erfahrung

Nachdem mein Projekt beendet war, war ich ganz ruhig, bin erst einmal drei Wochen zum Wandern gefahren. Ich wusste, es kommt etwas Neues. Es kommt immer etwas Neues im Projektbereich. Ich habe in fast allen bundesdeutschen Städten Bekannte sitzen, die sich für mich umgehört haben. So habe ich von einer Ausschreibung bei der Charité erfahren. Ein Projekt, das gar nicht so recht in meinen Bereich passt, aber die wollen mich trotzdem unbedingt haben und ich bin mir sicher, dass ich auch diese Aufgabe gut löse.

Sabina, 43 Jahre

Engagierte Menschen, die Konzepte für neue Projekte entwickeln und damit an die Firmen herantreten, sind immer gern gesehen – umso mehr, wenn die Ideen und Konzepte gut sind. Und noch mehr, wenn sie einen exklusiven Zugang zum Thema haben, das heißt das Konzept aufgrund ihres Vorwissens am besten auch selbst realisieren.

Ob es um die Entwicklung eines neuen Zeitschriftenformats oder um die Vermarktung eines frisch gepressten Orangensafts in Tüten geht – Ideen liegen manchmal einfach in der Luft. Es muss sich nur jemand finden, der sie umsetzt. Das Unternehmen, dem Sie das Projekt anbieten, muss einen sichtbaren und spürbaren Vorteil aus Ihrem Projekt ziehen. Lesen Sie hierzu auch das Kapitel »Angebotsstrategie«.

Die Projektstrategie Schritt für Schritt

1. Fragen Sie sich: Sind Sie geeignet für Projektarbeit, haben Sie Lust dazu?
2. Welche Projektideen fallen Ihnen ein?
3. Was müssen Sie tun, um die Ideen zu realisieren?
4. Wem – also welchen Unternehmen und welchen Personen in den Unternehmen – könnten Sie diese Projektideen anbieten?
5. Gibt es Fördermöglichkeiten?
6. Ermitteln Sie Kosten und Aufwand der Realisierung und den Nutzen für das Unternehmen.
7. Arbeiten Sie eine schriftliche Ideenskizze aus.

8. Wie gehen Sie bei Ihrem Angebot strategisch vor? Lesen Sie noch einmal das Kapitel zur Angebotsstrategie – Projekt- und Angebotsstrategie harmonieren gut.
9. Bieten Sie Ihr Projekt ruhig mehreren Firmen an und bitten Sie um ein Gespräch. Legen Sie die Karten offen auf den Tisch. Wenn mehrere Firmen sich für Ihr Projekt interessieren, macht allein das es attraktiv.
10. Verhandeln Sie über die Umsetzung, Ihr Anstellungsverhältnis und Möglichkeiten der Übernahme und Überführung des Projekts in die Praxis.

Die Kettenbrief-Strategie – »Ich verursache eine Kettenreaktion«

Kennen Sie noch Hermann, den Hefekuchen, der aufgeht? Er wird verschenkt mit einem Zettel, wie er zu behandeln ist. Aus einem Teig müssen Sie drei machen und diese wieder in kleine Töpfe stecken und mit Zetteln ausstatten. So verbreitet sich Hermann seit Jahrzehnten immer wieder in Schulen und ganzen Städten.

Das Prinzip der Kettenbrief-Strategie ist, eine Kettenreaktion auszulösen. Das geht so: Sie haben vielleicht zehn gute Kontakte. Diese haben Ihrerseits zehn andere gute Kontakte. Und diese anderen Kontakte kennen ebenfalls zehn Personen gut. Macht $10 \times 10 \times 10 = 1\,000$. Ein Kurzprofil mit einer Angabe, wonach Sie genau suchen, verbreitet sich auf diese Weise 1 000-mal. Wenn da am Ende kein Job herauskommt?

Erster Schritt: Sie erstellen ein ganz prägnantes Suchprofil mit den wichtigsten Fakten über sich selbst. Alles schön formatiert und auf einer Seite. Nun setzen Sie sich hin und überlegen, welche zehn Kontakte infrage kommen, die ihrerseits gut vernetzt sind und Ihr Profil – etwa innerhalb des eigenen Unternehmens – weitergeben könnten. Die Kontakte Ihrer Kontakte sind aufgefordert, dasselbe zu tun. Damit das auch geschieht, sprechen Sie mit Ihren zehn Kontakten. Helfen Sie Ihnen dabei zu entscheiden, an wen sie Ihr Profil weiterleiten können. Oft kommen andere gar nicht auf naheliegende Ideen.

Bei generalistischen Profilen reicht es oft auch aus, einfach die Eckdaten einer Person per Mail an zehn Personen zu senden, mit der Bitte diese wiederum an zehn Personen weiterzuleiten, für deren Unternehmen ein Mitarbeiter mit der entsprechenden Qualifikation nützlich sein könnte.

Sie können sich auch gemeinsam mit Ihren angesprochenen Bekannten jeweils deren Kontaktlisten, etwa ihre Xing-Liste, ansehen. Wer darunter ist interessant? Wer sollte Ihr Profil bekommen? So wie Sie mit Ihrem Bekannten gesprochen haben, sollte dieser auch selbst aktiv werden und zum Hörer greifen. Mindestens aber sollte er beispielsweise die »Vorstellen«-Funktion bei Xing nutzen und zum Beispiel schreiben:

Ich möchte dir gern XY vorstellen. Er ist Java-Entwickler und auf die Bankbranche spezialisiert. Ich habe gesehen, dass ihr in eurem Unternehmen solche Experten sucht. Ich verbinde euch hiermit, damit ihr in Kontakt treten könnt.

Für wen sich diese Strategie eignet

Sind Sie frei, um einen Job zu suchen, und nicht an einen Arbeitgeber gebunden? Kennen Sie wichtige Personen aus früheren Tätigkeiten? Sind das Menschen, die inzwischen an entscheidenden Stellen sitzen und auch Einfluss auf die Personalauswahl haben? Sind Sie fachlich versiert und verfügen über einige Jahre Berufserfahrung? Lässt sich Ihr beruflicher Wunsch prägnant auf den Punkt bringen? Sind Sie pfiffig und selbstbewusst und können Menschen dazu bringen, bestimmte Dinge für Sie zu tun? Wenn alle diese Faktoren zusammenkommen, eignet sich diese Strategie bestens für Sie. Sie ist unabhängig von Berufen, beruflichen Vorbildungen oder Branchen.

Meine Erfahrung

Unsere komplette Marketingabteilung war aufgelöst worden, 50 Leute betroffen. Alle bewarben sich mehr oder weniger zeitgleich bei den wichtigen Unternehmen der Stadt. Mir war klar, dass ich da durch das Raster fallen würde, ich hatte auch von Kollegen gehört, dass die Absagen postwendend kamen. Ich hatte mich dafür entschieden, über

Kontakte zu gehen. So war ein ehemaliger Chef inzwischen in der Schweiz tätig, ein anderer in Berlin, und auch in Süddeutschland saß jemand in leitender Position, mit dem ich immer gut klargekommen war. Ich habe die einfach alle angerufen. Meine Idee war, dass jeder meinen Lebenslauf bekommt und an möglichst viele relevante Personen aus dem eigenen Umfeld verteilt. Nach dem Gespräch habe ich mein Profil als PDF per E-Mail rausgeschickt.

Wenige Wochen später bekam ich die Einladung aus der Fachabteilung eines großen Konzerns. Dort hatte ich mich schon mal konventionell beworben und damals eine Absage erhalten. Dieser Konzern arbeitet normalerweise mit einem externen Dienstleister zusammen, der das gesamte Auswahlverfahren abwickelt. Ich bin einfach locker über diese Hürde gehüpft, weil mein Ex-Chef dem Chef des Marketingleiters der Kosmetikdivision meinen Lebenslauf gegeben hat. Den Job habe ich zwar nicht angenommen – irgendwie stimmte die Chemie mit meiner potenziellen Chefin nicht –, dafür aber einen anderen. Auch das ist über einen weitergeleiteten Lebenslauf zustande gekommen.

Markus, 37 Jahre

Welche Risiken diese Strategie birgt

Haben Sie einen Job? Dann besteht die Gefahr, dass Ihr Arbeitgeber von der Jobsuche erfährt und Sie schasst, unter Druck setzt oder benachteiligt. Man sollte das aber nicht überschätzen: Sie werden mit Ihrer Jobsuche ja nicht zum Stadtgespräch, und die Aufmerksamkeit, die Sie sich selbst schenken, billigen andere Ihnen nicht in dem gleichen Maße zu. Selbst wenn Sie im unmittelbaren Umfeld Ihrer Arbeitsstelle suchen, muss sich das nicht herumsprechen – es sei denn, Ihr Drang zur Veränderung birgt Klatschpotenzial. Aber selbst wenn etwas durchsickert: Sich nach Alternativen umzusehen ist Ihr gutes Recht und kann Sie sogar noch interessanter machen. Es bedeutet ja nicht unbedingt, dass Sie sich auch verändern werden.

Wie Sie den Ball ins Rollen bringen

Erstellen Sie eine Liste mit den Namen der für Sie wichtigen Personen. Wer sitzt in Unternehmen und ist in der Lage, nicht nur Ihren Lebenslauf weiterzureichen, sondern auch ein paar warme Worte über Sie zu sagen? Wer verfügt über ein großes Netzwerk und kennt seinerseits viele weitere Entscheider? Geben Sie diesen Personen – selbstverständlich nach einem persönlichen Gespräch – einen Lebenslauf in die Hand. Arbeiten Sie darin klar und deutlich Ihre Vorteile und Ihr berufliches Ziel heraus. Überzeugen Sie Ihre Kontaktpersonen, die Vita an weitere Personen aus dem eigenen Kreis weiterzureichen – auch dem sollte ein persönliches Gespräch vorausgehen.

Eingangs hatte ich von 1 000 Kontakten gesprochen. Aber auch im kleineren Rahmen kann diese Strategie wunderbar funktionieren, vor allem wenn der Kreis der Interessenten eingeschränkt ist und Sie sich nur an bestimmte Unternehmen richten wollen. Beispiel: Sie haben etwa fünf bestimmte Unternehmen im Kopf und sprechen gezielt Freunde und Bekannte an, die ihrerseits über Kontakte verfügen, welche Beziehungen zu diesen Firmen unterhalten.

Weiterhin können Sie auch andere Gelegenheiten nutzen, um interessanten Personen, die möglicherweise zu Ihrer Suche passende Netzwerke aufweisen, ein Profil zu geben.

Auch hier hilft das Internet. So können Sie nach einem interessanten Vortrag die entsprechende Person bei Plattformen wie Xing ermitteln und sie auf Ihr Profil hinweisen, zum Beispiel verbunden mit der Frage, ob der von Ihnen Angesprochene jemanden kennt, für den Ihre Mitarbeit interessant wäre.

Meine Erfahrung

Kürzlich war ich bei einem Volkshochschulkurs über Qualitätsmanagement. Der Dozent hat darüber berichtet, wie er das Qualitätsmanagement in seiner Firma, in der er angestellt ist, aufgebaut hat. Mir hat die Firmenphilosophie gefallen, und die Arbeitsschwerpunkte waren interessant. Ich habe den Dozenten angesprochen, und er hat mir angeboten, meinen Lebenslauf an verschiedene Entscheider weiterzuleiten. Ob jetzt ein Job daraus wird, weiß ich nicht, aber der Kontakt kam ganz informell zustande.

Ellen, Ingenieurin

Blockaden lösen

Viele vermeintliche Helfer wollen eigentlich gar nicht wirklich aktiv werden. Zu groß ist die Hemmung davor, Menschen anzusprechen und um etwas zu bitten – auch wenn es keinen rationalen Grund gibt, hier zurückhaltend zu sein.

Viele Ihrer Freunde und Bekannte werden auch sagen: »Ja, ja, mache ich schon ...«, aber es trotzdem nicht tun. Treffen Sie deshalb keine lockeren Vereinbarungen, sondern feste Verabredungen. Dazu gehört, dass Sie sich vorher mit Ihrer Kontaktperson zusammensetzen und gemeinsam die Personen ermitteln, die die Information über Ihre Jobsuche erhalten sollen. Dazu gehören auch Termine. Bis wann soll etwas passiert sein?

Helfen Sie auch bei der Kommunikation. Wie sollen Ihre Freunde und Bekannte Sie im eigenen Unternehmen vorstellen? Was sollen Sie sagen? Erarbeiten Sie drei bis vier zentrale Aussagen, die Ihre Vorzüge charakterisieren.

Hören wir mal rein:

»Frau Juli kenne ich noch aus meiner Zeit bei Beiersdorf. Sie war eine klasse Sekretärin, die beste, die je da war. Kompetent, zuverlässig und konnte

auch mal schweigen. Sprachlich ist sie ein Ass, kann neben Englisch und Französisch auch Japanisch.«

»Schau dir doch mal diesen Lebenslauf an, ein erfahrener IT-Infrastruktur-Spezialist mit absolut professionellen Oracle-Kenntnissen. Und wirklich absolut zuverlässig, ich weiß, da hatten wir ja Probleme.«

Vereinbaren Sie einen Termin, an dem Sie über die Reaktionen sprechen, und haken Sie regelmäßig höflich nach. Instruieren Sie Ihren Gesprächspartner, seine eigenen Kontakte ebenso »intensiv« zu bearbeiten – nur mit System wird Ihre Aktion erfolgreich sein. Ein Dankeschön gehört selbstredend dazu; freundliche Worte, die ausdrücken, dass Sie das Engagement der anderen nicht für selbstverständlich halten, sind am Anfang jedoch ausreichend. Kommt ein Gespräch zustande, können Sie sich auch auf andere Weise bedanken, etwa mit einer guten Flasche Wein oder indem Sie Ihren Fürsprecher zum Essen einladen.

Profil zum Weitergeben

Packen Sie keine dicken Mappen zusammen. Für die erste Information reicht fast immer eine Seite mit den wichtigsten Facts. Der Leser muss sofort lesen können, was Sie beherrschen und in welchen Bereichen Sie kompetent sind – und vor allem auch, wonach Sie suchen. Schreiben Sie auch Ihre Erfolge auf, vor allem in verantwortlichen Positionen und im Vertrieb. Legen Sie bei technischen Qualifikationen eine Übersicht bei, aus der Ihre Kenntnisse abzulesen sind. Diese sollte auch eine Einschätzung des Niveaus (Einsteiger, Experte, Profi) enthalten und außerdem die Tiefe der Erfahrung beschreiben (wie lange hatten Sie mit der entsprechenden Technik zu tun?).

Die Kettenbrief-Strategie Schritt für Schritt

1. Identifizieren Sie zehn Personen, denen Sie Ihren Lebenslauf weiterleiten können oder möchten. Das sind Leute mit guten Kontakten in die Wunschbranche oder zu empfehlenswerten Arbeitgebern sowie solche, die ihrerseits gute Kontakte zu solchen Personen pflegen.
2. Bereiten Sie ein prägnantes Profil auf einer Seite vor.
3. Sprechen Sie mit Ihren Kontakten über Ihr Vorhaben. Besprechen Sie genau, an wen sie die Vita weiterleiten können und wie sie wiederum diese Person über Ihre Jobsuche instruieren.
4. Vereinbaren Sie mit Ihren Kontaktpersonen verbindlich, wann Sie nachhaken dürfen.
5. Erfragen Sie auch statt eines Vorstellungsgesprächs einen unverbindlichen Termin zum Kennenlernen.

Die Anti-Aging-Strategie – »Ich schaffe noch was!«

Wir sind doch heute mit 50 Jahren die 40-Jährigen von früher, nicht wahr? Wir tragen keine Kittelschürzen mehr, wie in den 1970er Jahren einige meiner Tanten, und sehen alle jünger aus, als wir sind! Ich finde nicht, dass Menschen über 50 oder 55 schon als Senioren bezeichnet werden sollten. Sie haben schließlich noch 20 und mehr Berufsjahre vor sich. Und ich habe manch »Alten« erlebt, der auch mit 67 noch gerne arbeitet – oder gerne arbeiten würde.

Eine Bekannte von mir geht auf die 60 zu. Dennoch wurde sie letztes Jahr über Xing von einem Unternehmen angesprochen: Ob sie nicht Lust hätte, die Personalleitung einer IT-Firma zu übernehmen? Zuvor waren mehrere jüngere Leiterinnen an den kommunikativen Aufgaben gescheitert. Jetzt wollte die Geschäftsführung jemanden mit Gelassenheit, Durchsetzungsvermögen und Erfahrung im Konfliktmanagement. Genau das ist die Domäne der Älteren. Deshalb besteht die Anti-Aging-Strategie darin, in dieser Richtung nach Jobs zu suchen und nicht da, wo auch die Dreißigjährigen sind. Diese Strategie ist in erster Linie eine Zusammenstellung von Anti-Aging-Maßnahmen für den Arbeitsmarkt, das heißt, Sie müssen sie immer mit weiteren Strategien aus diesem Buch kombinieren, idealerweise mit der Power-Mail-Strategie oder der Terminstrategie.

Hören Sie als erstes auf, sich auf Stelleninserate zu bewerben, die nur zwei bis drei Jahre Berufserfahrung fordern (das sind 80 bis 90 Prozent). Sie können da kaum punkten, vor allem nicht, wenn Sie sich Ihre Erfahrung auch bezahlen lassen möchten. Überlegen Sie sich vielmehr ganz genau, was ein junger Hüpfer nicht mitbringt und für welche Tätigkeiten und Bereiche das spricht.

Die Basis der Anti-Aging-Strategie heißt Orientierung: Wo will ich eigentlich hin? Und wo ist Erfahrung und sind Soft Skills gefragt? Oft sollten Sie sich eine Stufe höher orientieren, also statt Teamassistentin auf einen Job als Chefassistenz blicken, möglichst mit größerem Verantwortungsbereich. Als Mitarbeiter im Innendienst konkurrieren Sie mit lauter Youngstern, die alle 10 000 Euro weniger als Sie selbst haben möchten. Fragen Sie sich lieber, ob es dann nicht doch eine gute Idee wäre, in Richtung Teamleitung zu denken.

Für wen sich diese Strategie eignet

Wer die in seiner Branche gültige Altersgrenze überschritten hat, kann diese Strategie nutzen. Einige Beispiele, wann das Seniorendasein anfängt:

- Werbebranche: Frauen ab 35, Männer ab 39; es sei denn, sie haben Karriere gemacht – und die fängt frühestens beim Kreativdirektor an.
- IT-Branche: ab 35 (Programmierer), alle anderen ab 45.
- Marketing: spätestens ab 40, es sei denn, Sie sind mindestens Marketingleiter geworden.
- Sonstiges: In der Regel liegt die magische Auswahlgrenze bei 45, 50 und maximal 55 Jahren. Danach können Sie immer noch prima einen Job finden, aber nicht unbedingt da, wo auch die Jungen sich bewerben würden.

Alterskosmetik

Es kann auch eine Methode sein, im Lebenslauf einfach das Geburtsdatum wegzulassen. Das ist zulässig. Außerdem wird ohnehin diskutiert, ob die Forderung nach einer Angabe des Alters nicht sogar untersagt werden sollte. Schon länger experimentieren Unternehmen mit der sogenannten »anonymen Bewerbung«, in der Name, Alter, Geburtsdatum und Geschlecht fehlen. Die bisherigen Erfahrungen sind gut ausgefallen.

Ich selbst habe sehr gute Erfahrungen damit gemacht, auf die Angabe des Geburtsdatums zu verzichten, ebenso wie die des Familienstands oder auch die nach Kindern. Diese Informationen gehören nicht in einen Lebenslauf, der Ihre Qualifikationen darlegen soll. Und das Geburtsdatum wirkt, machen wir uns nichts vor, vielfach wie eine Bremse. Natürlich wird allein anhand der anderen Jahreszahlen und Ihrer Erfahrung klar, dass Sie nicht mehr 20 sein können, aber ganz genau weiß man es auch bei einem chronologischen Lebenslauf nicht. Außerdem müsste ein Personaler dann genau nachrechnen; das passiert eher selten.

Sie können auch einen Schritt weitergehen und die Jahreszahlen am Anfang herausnehmen, um die ersten Berufsjahre einfach zusammenzufassen. Eine weitere Möglichkeit ist der funktionale Lebenslauf, der nur Erfahrungen und Qualifikationen listet, aber keine Daten.

Sie haben ein mulmiges Gefühl dabei? Oder Sie schämen sich keineswegs für Ihr Alter? Dann stehen Sie, das ist die andere genauso gute Möglichkeit, zu Ihren Jahren und gehen Sie kreativ damit um. Ein leicht zwinkerndes Kokettieren mit dem Alter kann charmant sein: »Ich bin 58 Jahre, fühle mich wie 40 und bringe 30 Jahre Erfahrung in Ihr junges Team.«

Anti-Aging: Ausland

150 Bewerbungen und auch initiativ alles versucht? Trotz Fachkräftemangel gibt es Bereiche, die einfach sehr schwierig sind für Ältere. In anderen Ländern mag das anders sein. Lesen Sie dazu bitte das Kapitel »Auslandsstrategie«.

Meine Erfahrung

Ich komme aus der Nähe von Berlin und kann mit Sicherheit sagen, dass in unserer Umgebung keine Arbeitsstelle für mich frei ist – obwohl ich als Krankenschwester, Bürokraft und Sachbearbeiterin vielseitig einsetzbar bin. Ich bin auch persönlich vorbeigegangen, das hat alles nichts geholfen. Eine 48-Jährige wollte keiner mehr, die haben immer die jungen Mädels bevorzugt, wenn dann doch mal was frei geworden ist. Irgendwann reichte es mir, und ich bin in die Schweiz gegangen. Ich habe meine Koffer gepackt und habe einen Monat lang sämtliche Firmen und Krankenhäuser abgeklappert. Damit war ich letztendlich erfolgreich und arbeite jetzt seit sechs Monaten in der Schweiz.

Marion, 48, Krankenschwester und Bürokraft

Anti-Aging mit der Selbstständigkeit

Sie haben doch alles erreicht, verfügen über ein umfangreiches Wissen und können viel leisten. Warum jetzt nicht noch einmal selbstständig arbeiten und das Wissen weitergeben? Sie müssen ja nicht gleich mit Millionen ein Start-up-Unternehmen aufbauen, das ist was für die jüngeren. Aber Gründungen können auch noch im höheren Alter erfolgreich sein, solange Sie gesund sind und ein finanzielles Polster haben, um die erste Zeit zu überbrücken. Wissen ist in unserer Gesellschaft mehr und mehr gefragt, je spezieller desto besser. Haben Sie dieses nicht oder mögen Sie nicht als Berater arbeiten, kommt auch Franchising für Sie infrage. Selbstverständlich ist auch freie Projektarbeit und Interimsmanagement (siehe Kapitel »Projektstrategie«) eine Alternative.

Auch manche freien Berufe sind sehr offen für »Senioren«. Als Heilpraktiker macht es nichts, wenn Sie 60 Jahre alt sind, auch Physiotherapeuten dürfen älter sein sowie grundsätzlich alle Therapeuten, ob sie nun aus der Gestalttherapie kommen oder aus der Heiltherapie. Mitunter lohnt es sich, noch einmal Zeit und Geld in eine Ausbildung zu stecken.

Mit 62 heben Sie kein großes Möbelhaus mehr aus der Taufe – allein schon deshalb, weil Ihnen Banken kaum noch Kredite geben werden. Aber wenn Sie ein paar Nummern bescheidener denken, ist vielleicht ein kleineres Geschäft aus demselben Metier – etwa ein Antiquitätenhandel – etwas für Sie. Erwägen Sie diesen Schritt nicht nur aus finanziellen Gründen, sondern behalten Sie auch sich und das, was Sie ausfüllt, im Blick. Wie stellen Sie sich Ihren nächsten Lebensabschnitt vor? Ist dort Raum und Platz für eine Existenz, die Ihre Bedürfnisse berücksichtigt?

Fragen Sie sich:

- Was kann ich noch tun und aufbauen?
- Welche Idee wollte ich schon immer realisieren?
- Was muss ich tun, um meine Vorstellungen umzusetzen?
- Wie viel Geld brauche ich dafür?
- Wie viel Geld kann ich verdienen?
- Reichen meine Ersparnisse?
- Habe ich die Kraft?
- Kann meine Idee am Markt bestehen?
- Kann ich meine Idee gut verkaufen?
- Habe ich Lust, noch einmal anzupacken und etwas aufzubauen?

Umsatteln

Ich habe mehrere Kunden und Bekannte, die in der zweiten Lebenshälfte zum Lehrer umgesattelt haben: Berufsschullehrer, Sonderschullehrer, Grundschullehrer. In einigen Fächern und Regionen Deutschlands ist das vergleichsweise einfach möglich, zumal wenn eine Ausbildung (Berufsschule) oder ein Studium vorhanden ist. Ganz besonders leicht haben es die technischen Berufe.

An Schulen zählt die gute Mischung aus alten und jungen Lehrern. Haben Sie ein Studium absolviert, so bietet sich Ihnen in einigen

Bundesländern – beispielsweise in Nordrhein-Westfalen – die Möglichkeit, sich auf ein Lehramt zu bewerben. Funktioniert das nicht, kommt vielleicht die Erwachsenenbildung infrage.

Meine Erfahrung

Jahrzehnte habe ich als Journalist gearbeitet. Vor etwa zehn Jahren wurde der Markt dann plötzlich schwieriger, die Preise verfielen – und ich hatte auch keine Lust mehr, mich da durchzukämpfen. Also habe ich mich auf meine Wurzeln berufen, und die liegen in der Lehrtätigkeit: Ich habe in Wien auf Lehramt studiert, aber kein Volontariat absolviert. Ich habe dann mit 52 Jahren erst ein Praktikum und dann mein Referendariat an einer Sonderschule nachgemacht. Inzwischen arbeite ich auf einer Zweidrittelstelle und bin sehr glücklich damit. Die Arbeit mit den Kindern bringt mir viel – und meinen früheren Job vermisse ich kein bisschen.

Roland, 55 Jahre

Als Interimsmanager arbeiten

Diese Variante kommt für erfahrene Manager infrage, für die es eine große Befriedigung bedeuten kann, am Ende des Berufslebens noch einmal gefordert zu werden. Interimsmanager arbeiten zeitweise in den Unternehmen, übernehmen Geschäfte in Übergangsphasen oder in Umbruchphasen. Sie bauen Filialen auf, suchen Personal, schieben an. Das ist auch eine gute Gelegenheit, sich zu bewähren und möglicherweise dauerhaft für die Firma tätig zu werden. Die Arbeitsagentur sowie private Vermittler bringen solche Interimsmanager in Unternehmen. Dabei geht es um ganz unterschiedliche Größenordnungen und auch Inhalte: Interimsmanager für den Mittelstand benötigen schließlich einen anderen beruflichen Hintergrund als Interimsmanager für Konzerne. Entscheidend ist, dass Sie Ihre Erfahrung einbringen können. Die Arbeitsagentur vermittelt auch ältere Führungskräfte in Interimspositionen.

Die Anti-Aging-Strategie Schritt für Schritt

1. Orientieren Sie sich: Wechseln Sie den Bereich? Gehen Sie in die Selbstständigkeit? Noch eine Weiterbildung, die in einen altersgerechten Beruf führt?
2. Entscheiden Sie sich für weitere hier vorgestellte Strategien, die Sie mit der Anti-Aging-Strategie kombinieren, wenn Sie die erste Frage für sich geklärt haben. Für den Weg in die Selbstständigkeit gibt es Ratgeber, die Ihnen beispielsweise helfen, rechtliche und steuerliche Stolpersteine zu umgehen (siehe »Zum Weiterlesen« am Ende dieses Buches).

Die Auslandsstrategie – »Ich bin dann mal weg«

Eine Zeit lang woanders kann Ihrem Leben und auch Ihrem Lebenslauf einen richtigen Push geben. Vielleicht gehen Sie dorthin, wo gerade die Musik spielt und ein Wirtschaftsboom stattfindet, etwa Brasilien. Wollen Sie vor allem Bewegung in Ihren Lebenslauf bringen, ist es in der Tat sinnvoll, dahin zu schauen, wo sich möglichst viel bewegt.

Der Weg ins Ausland ist oft mehr als ein Aus-Weg – oft sogar die Erfüllung eines Traums. London, Paris, Barcelona, Amsterdam: Solche Städte reizen auch Menschen, die hierzulande durchaus Chancen hätten. Und wäre es nicht wundervoll, unter südlicher Sonne Geschäfte zu machen? Auch Nicht-EU-Länder wie die Schweiz ziehen Deutsche magisch an. Wohin auch immer Sie gehen möchten: Sie müssen bereit sein, der Heimat den Rücken zu kehren – für eine begrenzte Zeit, etwa als Contractor (Projektmitarbeiter auf Zeit und Honorarbasis), für einige Jahre oder sogar für immer ... Auch das Grenzgehen ist eine Möglichkeit. Es bietet sich an, wenn Sie nahe an einer Grenze leben, beispielsweise zu den Niederlanden, der Schweiz, Luxemburg oder Frankreich. Und es bedeutet: Sie leben in Deutschland und arbeiten im Ausland.

Meine Erfahrung

Ich bin aus dem Osten. Mein Mann hatte in Sachsen eine Baufirma, die Mitte der Neunziger pleiteging. Seitdem war ich mit kurzen Unterbrechungen arbeitslos. Eine 45-jährige Bürokraft ist bei uns kaum vermittelbar, vor allem wenn sie kein Englisch spricht. Irgendwann habe ich mir überlegt, die Sache selbst in die Hand zu nehmen und in die Schweiz zu fahren. Ich hatte gehört, dass es dort mehr Arbeit gibt. Ich wusste, es macht keinen Sinn, Mappen zu verschicken. Da habe ich schon Hunderte zurückbekommen. Ich habe mich bei einer Freundin einquartiert und bin wochenlang von einem Arbeitgeber zum anderen gefahren. Irgendwann – nach 40 oder 50 Versuchen – hat es geklappt, und heute arbeite ich als Sekretärin in einer mittelständischen Werbefirma.

Marina, 47 Jahre

Für wen sich diese Strategie eignet

Jeder kann ins Ausland gehen, und seit dem Wegfall der Grenzen gibt es zumindest innerhalb der Europäischen Union kaum noch Beschränkungen. Es bietet sich an, in ein Land zu gehen, das man bereits kennt oder dessen Sprache man spricht. Ohne Sprachkenntnisse macht der Auslandsaufenthalt wenig Spaß, auch wenn Niederländisch oder Dänisch sehr einfach scheinen und dem Deutschen ähnlich sind. Zwar trifft die Regel »Vor Ort lernt es sich am schnellsten« durchaus zu, doch wird kein französischer Arbeitgeber einen lediglich Deutsch sprechenden Handwerker einstellen. Sie sollten also bei jobbedingten Auswanderungsplänen die Landessprache beherrschen und zusätzlich Englisch. Im Ingenieurswesen oder der IT reicht auch Englisch allein manchmal aus. Das gilt vor allem dann, wenn Sie für internationale Unternehmen arbeiten, in denen Englisch ohnehin die Haussprache ist.

Persönliche Qualifikationen entscheiden

Über die Sprachkenntnisse hinaus ist eine im Ausland gefragte Qualifikation – Ausbildung und Berufserfahrung – wichtig. Hier bestehen große Unterschiede zwischen den potenziellen Auswanderungsländern. In Großbritannien etwa sind Zahnärzte gefragt, Ingenieure dagegen – bei uns sehr beliebt – verdienen weniger. In Norwegen herrscht generell ein Mangel an Fachkräften, sodass dort Akademiker und Fachleute allgemein gute Chancen haben. Die Schweiz ist immer auf der Suche nach medizinischem Personal. Bei den Eidgenossen werden beispielsweise Krankenschwestern deutlich besser honoriert als hierzulande.

Welche Qualifikationen in den jeweiligen Ländern gefragt sind, ändert sich, wie bei uns, sehr schnell. Informieren Sie sich deshalb möglichst vor Ort, das heißt direkt bei Menschen in den Ländern, die Sie interessieren, denn gängige Publikationen sind häufig nicht auf dem aktuellen Stand. Hinzu kommt, dass für jede Branche spezielle Aspekte eine Rolle spielen, die nur Insider kennen – auch in dem jeweiligen Land.

Meine Erfahrung

Als Kauffrau im Groß- und Außenhandel habe ich nach meiner Ausbildung viele Jahre in einer internationalen Firma in Frankfurt gearbeitet. Dann gab es Umstrukturierungen und ich nahm die Möglichkeit wahr, mit einer Abfindung in der Tasche die Koffer zu packen. Für mich war das eine Chance, die ich unbedingt nutzen wollte: Neuseeland, die USA und Schweden – das waren meine Traumländer, die ich schon immer gerne bereisen wollte. Ein Jahr Zeit wollte ich mir geben, um mich dann zu entscheiden, wo ich bleiben wollte.

Ich begann meine Tour mit einem Praktikum in Stockholm bei einem Zulieferer meines alten Arbeitgebers. Die Stadt und das Land begeisterten mich. Innerhalb kurzer Zeit sprach ich Schwedisch. Dann zog ich weiter. Doch nach drei Monaten USA war ich wieder in Stockholm. Der Zulieferer bot mir einen Job an, den ich annahm. Auf Neuseeland konnte ich in dieser Situation gut verzichten. Schweden ist einfach toll, dort will ich bleiben. Ich kann mir fast immer frei nehmen, wann ich möchte, denn es ist in Schweden längst nicht so ungewöhnlich wie bei uns, unbezahlten Urlaub zu machen. Und die Flüge nach Deutschland mit einem Billiganbieter sind günstig, sodass ich mindestens einmal im Monat zurückkommen kann.

Aurica, 31 Jahre

Wagen Sie etwas!

Die Suche nach einem Job im Ausland funktioniert nur in wenigen Fällen von Deutschland aus. Dies ist dann der Fall, wenn im Land selbst nicht ausreichend Fachkräfte vorhanden sind. Meist ist es empfehlenswert, direkt alles auf eine Karte zu setzen und vor Ort zu suchen. Informieren Sie sich aber vorher, etwa über die Anerkennung Ihres Abschlusses in dem betreffenden Land – damit Ihnen nicht dasselbe passiert wie einer Bekannten, die nach Kanada ging, nur um festzustellen, dass sie mit einem deutschen Lehrabschluss als Physiotherapeutin dort als ungelernt gilt. In Kanada setzt Physiotherapie immer ein Studium voraus, der deutsche Abschluss wird nicht angerechnet. Informieren Sie sich auch über Bewerbungsgepflogenheiten. In den meisten angloamerikanischen Ländern läuft so gut wie alles über Agencies, die direkte Bewerbung ist die Ausnahme. Wenn Sie nicht gleich den großen Sprung wagen wollen: Im Zweifel geben Sie mindestens eine Adresse vor Ort in dem Land an, in das Sie möchten, etwa die eines Bekannten oder Freundes. Das signalisiert Unternehmen, dass Sie das Land zumindest ansatzweise kennen und bereits über persönliche Kontakte dort verfügen.

Sie haben sich für das Land Ihrer Träume entschieden oder gleich für eine Auswahl von Ländern? Dann ran an die Formalitäten. Während die Einreise in EU-Länder einfach und unkompliziert ist, warten beispielsweise in den USA einige Hindernisse auf Sie. Ohne Visum und eine Einladung Ihres künftigen Arbeitgebers kommen Sie nicht einmal durch die Flughafensperren. Das am häufigsten benutzte Arbeitsvisum (H-1B-Visum) wird nur an Personen vergeben, die einen Universitätsabschluss oder eine vergleichbare

Ausbildung nachweisen können. Eine Alternative ist die Greencard, die unter allen Interessenten ungeachtet ihrer Herkunft und beruflichen Qualifikation verlost wird. Damit könnte die Geschichte vom Tellerwäscher zum Millionär doch noch wahr werden, denn auch Nicht-Akademiker können Greencards erhalten. In EU-Ländern können Sie in der Regel erst einmal drei Monate ohne Probleme bleiben und auch arbeiten. Danach benötigen Sie eine Aufenthaltsgenehmigung, die zunächst auf fünf Jahre befristet und unkompliziert zu beschaffen ist.

Bereiten Sie sich gut vor, indem Sie alles über das Land, die Stellung Ihres Berufes dort und die Arbeits- und Lebensbedingungen in Erfahrung bringen. Am besten wenden Sie sich an landeskundige Berater, wie Sie Ihnen die Arbeitsagentur-Initiative EURES zur Seite stellt. Hilfreich ist auch ein Klick in Landesforen. Und vor allem: das persönliche Gespräch mit Arbeitnehmern vor Ort. Dabei können Ihnen Deutsche, die im entsprechenden Land leben, oft besser helfen als Einheimische, da nur ihnen die Unterschiede zum Leben in Deutschland auffallen können. Wenn Sie niemanden kennen, helfen auch hier die sozialen Netzwerke wie Facebook und LinkedIn sehr, Personen zu identifizieren. Auch Gespräche mit Menschen, die in Ihrer speziellen Branche arbeiten, sind empfehlenswert. Sie erhalten auf diese Weise Informationen aus erster Hand, die oft am verlässlichsten sind.

Schriftliche Unterlagen für die Auslandsbewerbung

Einen ordentlichen Lebenslauf brauchen Sie so gut wie überall, wobei die in diesem Buch vorgestellten Strategien, etwa die Terminstrategie, auch in anderen Ländern funktionieren. Mitunter kommen Sie allerdings, wie schon gesagt, nicht an staatlichen oder privaten Vermittlern vorbei, den Agencies, etwa in Großbritannien und Irland. Dort ist es zudem üblich, pro Bewerbung zwei Referenzen zu nennen. Da in anderen Ländern oft ein weniger starrer Kündigungsschutz herrscht, wird auch schneller eingestellt. Das ist die positive Seite des angloamerikanischen »Hire and Fire«. Sich gegen einheimische Konkurrenz zu behaupten, ist in der Regel kein leichtes Spiel: Muttersprachler aus dem jeweiligen Land werden in der Regel vorgezogen, wenn es zwei Bewerber mit ähnlicher Qualifikation gibt. Suchen Sie deshalb gezielt nach Positionen mit wenig Konkurrenz oder bei deutschen Unternehmen, die in dem jeweiligen Land vertreten sind. Übersetzen Sie Studiengänge im Lebenslauf, indem Sie Ihr Studium beziehungsweise Ihre Ausbildung mit landesüblichen Qualifikationen vergleichen (»… ist vergleichbar mit …«, »… versetzt in die Lage …«, »… bedeutet …« usw.).

Meine Erfahrung

Ich wollte einfach raus. In Deutschland habe ich nach dem Studium nur anspruchslose Jobs gehabt, etwa im Callcenter. Egal, wo ich mich beworben habe, immer kam einer der Sprüche: »Sie haben zu wenig Praxiserfahrung« oder »Sie werden sich bei uns langweilen«, wenn es um Sekretariatsaufgaben ging. In England ist das nicht so. Über Vermittler hatte ich schon am ersten Tag Vorstellungsgespräche und am dritten den passenden Job. Die Engländer sind da sehr unkompliziert. Die denken: »Wenn die sich dafür bewirbt, wird sie das schon wollen – nicht so dreimal um die Ecke wie die Deutschen.«

Sabine, 35, Kommunikationswissenschaftlerin

Informationsquellen

Für die Tätigkeit in einem EU-Mitgliedstaat müssen Sie spätestens nach drei Monaten Aufenthalt eine Aufenthaltserlaubnis beantragen. Hilfestellung zur Jobsuche vor dem Umzug bietet das Arbeitsamt mit speziellen, landeskundigen EURES-Beratern und die Zentralstelle für Arbeitsvermittlung ZVA. Diese Beratung ist auch für Nicht-Arbeitslose kostenlos. Hinzu kommen weitere spezialisierte Agenturen. Als Experten für die Arbeitssuche in Skandinavien gelten etwa das Baltic-Training-Center (BTC) in Rostock (der Name irritiert vielleicht etwas) und das Nordic Training and Job Center in Flensburg. Gute Adressen sind die Handelskammern in den jeweiligen Ländern. Die Deutsch-Dänische Handelskammer etwa informiert auf ihrer Homepage über die 500 größten Firmen und vermittelt Arbeitnehmer an die betreffenden Unternehmen. Als Selbstständiger müssen Sie glaubhaft machen können, dass Sie Ihre Tätigkeit erfolgreich ausführen können. Echte Freiberufler – wie in Deutschland beispielsweise Journalisten, Ärzte oder Steuerberater – gibt es in vielen Ländern nicht. Dort bedeutet Selbstständigkeit meist die Gründung eines »richtigen« Unternehmens. Auch nach Beendigung einer Arbeit, wenn Sie zum Beispiel das Rentenalter erreicht haben, dürfen Sie bleiben. Diese so genannten »Freizügigkeitsrechte« stehen nicht nur Arbeitnehmern zu, sondern auch ihren Familienangehörigen.

Hilfreiche Adressen

- EURES-Berater: *www.eures-jobs.com*. Die Seite bietet außerdem viele Infos zu allen EU-Ländern.
- Alles über das Auswandern nach Spanien, USA und Kanada: *www.auswanderung.net*
- Skandinavische Länder und Niederlande: Sprachliche Vorbereitung und Jobcoaching gibt's beim Baltic Training Center in Rostock: *www.btcweb.de*
- Dänemark: Deutsch-dänische Handelskammer: *www.ahk-daenemark.dk*; Jobs: *www.cvkeskus.ee*, *www.cv.ee*, *www.hyppelaud.ee*
- Finnland: *www.sak.fi* (finnische Gewerkschaft)
- Frankreich: Französisches Arbeitsamt: *www.anpe.fr*
- Irland: *www.movetoireland.com*; *www.careermoves-irland.de*
- Italien: *www.deutschebotschaft-rom.it*
- Norwegen: Staatliche Arbeitsvermittlung: *www.aetat.no*; Info: *www.forum.norwegen-freunde.com*

- Österreich: *www.wien.diplo.de*
- Portugiesisches Arbeitsamt:*www.iefp.pt*
- Schweden: Meta-Jobsuchmaschine: *www.jobbsafari.se*, www.handelskammer.se
- Schweiz: *www.europa.admin.ch*; Jobbörse: *www.unijob.ch*
- Spanien: *www.elpais.es* (Stellenanzeigen); *www.inem.es* (spanisches Arbeitsamt)
- USA: *www.usembassy.de*; *www.nytimes.com/*

Die Auslandsstrategie Schritt für Schritt

1. Klären Sie für sich: Wie lange möchten Sie bleiben? Möchten Sie auswandern oder nur »fremd« jobben? Wollen Sie als Grenzgänger arbeiten oder als Contractor (Honorarkraft mit Zeitvertrag)?
2. Überlegen Sie: In welchen Ländern wollten Sie immer schon arbeiten?
3. Wo können Sie arbeiten, weil Sie entsprechende Sprachkenntnisse mitbringen?
4. Suchen Sie landeskundige Berater und Experten.
5. Recherchieren Sie: Wie sieht der Jobmarkt für Ihre Qualifikationen aus? Was können Sie verdienen? Wie ist die Haltung gegenüber Ausländern? Nutzen Sie dazu Foren im Internet und sprechen Sie Menschen aus den jeweiligen Ländern direkt an. Verlassen Sie sich nicht nur auf Sekundärinformationen, diese sind häufig veraltet und nicht selten schlecht recherchiert.
6. Informieren Sie sich über die landesüblichen Bewerbungsregeln.
7. Informieren Sie sich über geeignete Arbeitgeber und Vermittler.
8. Entscheiden Sie sich für die Vor-Ort-Suche (Risiko, aber in bestimmten Bereichen notwendig) oder die Suche von zu Hause aus (das ist sicherer). Trick 17: Eine Zweitadresse im Ausland, etwa bei einem Bekannten oder Freund, so werden Sie leichter eingeladen, auch wenn Sie (noch) in Deutschland wohnen.

Die Terminstrategie – »Ich mach was klar«

Es ist nicht lange her, da piepte mich eine Frau über Twitter an. Sie wolle mich kennen lernen, um zu sehen, was wir füreinander tun können. Zunächst überlegte ich, dann ließ ich mich darauf ein. Wir trafen uns an der Alster, und es war der Beginn einer intensiven Kooperation. Das ist das Wesen der Terminstrategie. Man schaut, wer wichtig für einen werden oder sein könnte, und spricht diese Personen oder Unternehmen direkt an – mit dem Ziel, sich zu treffen. Dazu müssen Sie sehr offen sein, und ebenso an das Thema herangehen. Man kann nicht planen, wie sich so etwas entwickelt. Aber es ist eine verdammt gute Methode: nicht nur, um Unternehmen zu akquirieren, sondern um generell Kontakt zu »VIPs« einer Branche aufzunehmen, die wiederum den Boden bereiten können für weitergehende Gespräche mit Arbeit- und Auftraggebern.

Es ist nicht meine Art, jeden kennen lernen zu wollen, dazu habe ich viel zu wenig Zeit. Es muss auf Augenhöhe sein, und ich mag es nicht, wenn mir jemand die Zeit stiehlt, um Informationen aus mir herauszupressen. Das hat mein Twitter-Kontakt nicht gemacht. Nein, sie bot mir ein Projekt an. Es hat funktioniert, weil jeder von uns beiden etwas davon hatte.

Für wen sich diese Strategie eignet

Die Terminstrategie ist die wichtigste Strategie bei einer beruflichen Neuorientierung, sofern das Gebiet, in das Sie sich verändern wollen, noch nicht »hip« ist. Grundsätzlich passt die Terminstrategie zu jedem Beruf und in jeden Bereich – nur funktioniert sie dort besser, wo die Unternehmen klein und nicht von Bewerbern überlaufen sind. Vertreter beliebter Branchen wie etwa der Medien haben eine Tendenz, arrogant zu sein und sich selbst für so wichtig zu halten, dass sie gern abwimmeln. Das ist nicht schlimm, man sollte sich nicht davon abhalten lassen. Sie sollten das nur im Hinterkopf behalten, falls Sie beispielsweise die Glitzerwelt des Fernsehens anspricht.

Meine Erfahrung

Ich war Vertrieblerin bei einem Fachverlag und habe in Hannover gearbeitet. Aus privaten Gründen wollte ich nach München wechseln. Da die Verlagsbranche sehr schwer zugänglich ist, entschied ich mich für eine regelrechte Tour. Ich erstellte eine Liste mit Fachverlagen und rief einen nach dem anderen an, um einen Termin zum Kennenlernen zu verabreden. Dabei habe ich mich als »Interessentin«, nicht aber als Bewerberin ausgegeben. Das kam gut an. Einige haben zwar gesagt: »Wir haben ganz sicher keine Stellen frei«, aber überwiegend war das Interesse groß. Dabei habe ich immer direkt mit dem Vertriebsleiter und bei sehr kleinen Verlagen mit dem Geschäftsführer gesprochen.

Sabine, 32 Jahre

Terminstrategie für Neuorientierer

Ideal ist die Terminstrategie auch dann, wenn Sie quer in eine andere Branche einsteigen. Sie wollen erst einmal in Erfahrung bringen, ob die Windenergie oder die Filmbranche für Sie geeignet ist? Es ist legitim, sich erst einmal umzuschauen!

Bei einer solchen beruflichen Neuorientierung kann die Terminvereinbarung der Beginn sein, die erste Phase, die unter dem Motto »Information« steht. Sie schauen sich einfach um, welche Menschen in dem Segment, in das Sie hineinwollen, wichtig sind. Wer sind die bekannten Personen? Wer die Meinungsbildner? Nehmen wir an, Sie wollten sich mit der Zukunft der Arbeit beschäftigen: Optimale Kontaktpersonen für weitere Informationen wären Matthias Horx, das Zukunftsinstitut, Fraunhofer, Lynda Gratton und meine Wenigkeit. Nun können Sie solche Menschen anrufen und um Informationen bitten oder sich mit Ihnen treffen. Was realistischer ist, hängt von Ihnen, der Person und jeweiligen Branche ab. Manche Menschen tun sich eher schwer, während es andere selbst als No-Name schaffen, Barack Obama nach Deutschland zu holen. Gerade unter den angestellten Experten einer Branche gibt es viele, die sehr bereitwillig Auskunft geben und auch gerne helfen. Für Selbstständige, das muss man verstehen, gilt der Satz von Benjamin Franklin: »Zeit ist Geld«, und in jeder Stunde, in der sie sich kostenlos engagieren, verdienen sie keins. Aber zweifellos bestehen hier große Unterschiede.

Wie finden Sie Personen, die wichtige Informanten sind? Einfach ist es im Internet. Die Aktivität in den sozialen Medien ist in einigen Branchen ein guter Indikator, in anderen nicht – etwa dem sozialen Bereich. Man kann also im Internet recherchieren, etwa bei Xing. Oder aber eine Person fragen, die ganz tief drinsteckt in dem Thema und sofort sagen kann, wer die wichtigsten 5 bis 7 Personen sind. Am Ende der ersten Phase, des Informationssammelns, stehen sicher auch ein paar konkrete Unternehmensnamen.

In der zweiten Phase gehen Sie auf »Tournee« bei diesen Unternehmen. Dazu nehmen Sie Kontakt auf möglichst hoher Ebene auf. Sie rufen an mit dem Ziel, den Unternehmer oder einen seiner höheren Angestellten kennen lernen zu wollen – beispielsweise, weil Sie einen Einblick in interessante Architekturbüros in Köln oder Medizintechnik-Unternehmen des Mittelstands in München bekommen wollen. Sagen Sie bloß nicht, dass es Ihnen um eine Bewerbung geht; das wäre in dieser Phase zu früh. Seien Sie nett und natürlich und schlagen Sie sich aus dem Kopf, direkt nach Jobs zu fragen. Es geht jetzt darum, Kontakte aufzubauen. Das ist viel wichtiger – und die Basis für Jobangebote.

»Das kann man doch nicht machen! Ist das nicht unsagbar frech?«, fragen Sie. Vielleicht. Aber Frechheit fällt auf und Frechheit siegt so gut wie immer. Sie sind doch ein Guerillero, oder?

Hilfreich ist die Terminstrategie auch, wenn Sie in eine andere Stadt ziehen wollen. Da nimmt Ihnen jeder ab, dass Sie sich erst einmal über geeignete Arbeitgeber informieren möchten. Außerdem fällt der Einstieg am Telefon leichter. Sie können sofort selber Terminvorschläge machen, wenn Sie beispielsweise für eine Woche vor Ort sind. Auch Erzieher, Handwerker oder Versicherungskaufleute können bei einer Terminstrategie punkten. Sie schauen sich einfach an, welche Unternehmen in Ihrem neuen Umfeld infrage kommen, und machen mit allen Termine aus. Eine Variante kann das direkte Vorbeigehen sein.

Meine Erfahrung

Ich bin einfach zu den Start-ups in der Schanze gegangen und habe geklingelt. Wen ich nicht angetroffen habe, habe ich angerufen, um dann einen Termin auszumachen. Auf diese Weise habe ich ganz viele Gespräche geführt, um Unternehmen kennen zu lernen. Das Jobangebot als Mediengestalter kam dann von selbst.

Joshua, 27 Jahre

Hören wir einmal live in eine Terminvereinbarungsstrategie:

»Ich bin Eva und 3D-Designerin. Ich möchte Sie gerne kennen lernen. Zwischen dem 17. und 23. Mai bin ich in München. Hätten Sie in diesem Zeitraum einen Termin?«

»Hm ja, willst du dich bewerben?«

»Nein, nur kennen lernen. Mal beschnuppern. Ich weiß noch nicht so genau, wo ich arbeiten möchte. Deshalb will ich euch ja treffen.«

»Okay. Wie lange brauchen wir denn? Ich kann noch 2, 3 Leute aus dem Team dazuholen.«

Die Terminstrategie ohne Termin

Manchmal ist es besser, einfach so vorbeizufahren, etwa wenn die Betriebe klein sind und Sie davon ausgehen können, verantwortliche Personen sofort anzutreffen. Mir ist eine Bewerberin bekannt, die einfach beim Joggen einen Abstecher machte und sich bei einer kleinen Firma vorstellte (sie hatte noch nicht geschwitzt). Das kam gut an. Ich kenne aber auch den Fall, dass jemand einfach bei Adidas in die Kantine reinplatzte und sich zum Verantwortlichen durchfragte. Das kam nicht so gut an. Wägen Sie ab: Je kleiner und familiärer das Unternehmen und desto besser Sie selbst persönlich punkten, desto eher empfiehlt sich das Direkt-Vorbeigehen-ohne-Termin.

Bevor Sie losradeln oder fahren, sollten Sie sich die eigenen Vorzüge noch einmal bewusst machen. Was sagen Sie, wenn Sie sich vorstellen? Überlegen Sie dazu zunächst, was der anderen Seite wichtig ist: Mit welchen Worten können Sie belegen, dass Sie ein »guter« Mann oder eine »tüchtige« Frau sind? Überhaupt: Auf was legt der jeweilige Arbeitgeber in Ihrem beruflichen Umfeld wirklich Wert? Verlieren Sie sich nicht im Bewerberdeutsch. Was weiß ich über das Unternehmen?

Die Firma ist darauf spezialisiert/produziert/verkauft …

Was weiß ich über den Chef? Der Chef ist/soll

Was sage ich über mich?

Ich bin …

Darin bin ich gut …

Ich habe Erfahrung …

Das kann ich …

Welchen Job könnte ich übernehmen? Ich könnte/bin geeignet/qualifiziert …

Wie profitiert das Unternehmen von mir und meiner Arbeit? Es gewinnt …

Die natürliche Herangehensweise

Die ehrlichen Häute sollten auch so bleiben, man kann sich auch authentisch gut verkaufen. Sie sind ein offener Mensch und reden nicht gern drum herum? Dann sollten Sie dem Chef, den Sie einladen wollen, ehrlich sagen, worum es Ihnen geht: Ihnen gefällt das Unternehmen, Sie finden das Umfeld interessant und schätzen das soziale Engagement des Unternehmers. Es geht um ein lockeres Gespräch, mehr nicht!

Die Tricky-Methode

Das ist was für Verkäufertypen. Hier greifen Sie in die Trickkiste und locken mit etwas, das Sie dem Gesprächspartner voraushaben. Ihr Wissensvorsprung steht im Zentrum dieser Vorgehensweise: Sie sind über etwas informiert, an dem Ihr potenzieller Chef brennend interessiert sein dürfte. Das allein motiviert ihn, sich mit Ihnen zu treffen. Kommt es zum Termin, dann gilt: Enttäuschen Sie Ihr Gegenüber nicht, indem Sie die geweckten Erwartungen nicht erfüllen. Wenn Sie große Enthüllungen versprechen, am Ende aber nur Altbekanntes von sich geben, haben Sie das Spiel verloren.

Die Terminstrategie Schritt für Schritt

1. Ermitteln Sie geeignete Personen (Neuorientierung) und/oder Firmen einschließlich des Namens des Geschäftsführers oder eines Abteilungsleiters. Nutzen Sie das Internet, vor allem Xing, Branchenkataloge, Ihr Netzwerk, Listen von Messeausstellern, Branchenzeitschriften et cetera.
2. Finden Sie möglichst viel über die entsprechende Firma heraus. Recherchieren Sie in Zeitungsarchiven und auf der Website des Untenehmens sowie bei Google und Co.
3. Recherchieren Sie möglichst viel über Ihren Gesprächspartner. Was interessiert ihn, welche Einstellungen pflegt er, was ist er für ein Typ?
4. Rufen Sie zu einem Zeitpunkt bei dem Unternehmen an, der Ihnen geeignet scheint. Montags ist meist ein schlechter Tag, weil viel Arbeit erledigt werden muss und nach einem schönen Wochenende der Wochenanfangsfrust die Stimmung trübt. Versuchen Sie es ruhig zu unkonventionellen Zeiten. Einen Geschäftsführer kriegen Sie auch schon mal um 19.30 Uhr an die Strippe.
5. Erkundigen Sie sich zunächst, ob der Gesprächspartner ein paar Minuten Zeit hat.
6. Stellen Sie sich kurz und mit nicht mehr als zwei oder drei Aussagen vor. Kommen Sie dann zur Sache, ohne ins Detail zu gehen. Vereinbaren Sie einen Termin.

Strategienkombinationen

Viele Strategien aus diesem Buch harmonieren miteinander. Außerdem fließen häufig Aspekte aus der einen in die andere Strategie mit ein. Setzen Sie deshalb nicht auf nur ein einziges (Zug-)Pferd: Bedienen Sie sich im ganzen Angebot und kombinieren Sie diejenigen Guerilla-Maßnahmen, die für Ihre Situation, Ihre Persönlichkeit und Ihren Berufswunsch am geeignetsten sind. Einige Strategien passen besonders gut zusammen und ergänzen sich sogar, eine Kombination liegt deshalb auf der Hand. Zusammen mit der Netzwerkstrategie etwa funktioniert jede der anderen Strategien. Sie ist sozusagen die Grundlage für alles andere. Netzwerke bestimmen das Berufsleben in nahezu jedem Bereich, und es ist immer sinnvoll, sich im Berufsleben möglichst viele Empfehler zu »sichern«. Glücklicherweise wird das durch das Internet mit seinen sozialen Medien enorm erleichtert.

Dann läuft es auch besser mit den Headhuntern, funktioniert es leichter bei der Terminvereinbarung oder auch bei dem Versuch, sich in eine Elfe zu verwandeln.

Netzwerkstrategie und Elfenstrategie

Wenn Sie sich als Elfe sichtbar machen wollen, ist ein Netzwerk hilfreich. Daraus ziehen Sie die Kontakte und Unterstützer, die Ihnen Ansprechpartner nennen. Netzwerke sind zudem optimale Plattformen für Elfen, die sich dort ins Licht der Öffentlichkeit und damit in den wahrnehmbaren Bereich begeben können.

Headhunter-Strategie und Expertenstrategie

Headhunter werben am liebsten Experten ab, in der Regel Manager und Fachkräfte. Deshalb passen die Headhunter- und die Expertenstrategie optimal zusammen. Sie profilieren sich als Experte und erhöhen damit die Chance, abgeworben zu werden. Beide Strategien fallen auch in unterschiedliche Phasen der Karriereentwicklung. Während die Expertenstrategie mehr der Karriereplanung dient, ist die Headhunter-Strategie eine Möglichkeit zur ganz konkreten Jobfindung.

Nie auf nur ein Pferd setzen

»Ich möchte mich wirklich nur auf Headhunter konzentrieren«, betonte eine Kandidatin aus dem Bereich Marketing. Zu anderen Strategien war sie nicht zu bewegen. Auch auf Stelleninserate bewarb sie sich nicht. Die Taktik ging kurzfristig auf, es gab zwar Gespräche – doch letztendlich wurde nichts aus dem Jobversprechen.

Gegen die Netzwerkstrategie wehrte sie sich mit Haut und Haaren. »Ich kann doch nicht wildfremde Menschen ansprechen oder alte Kontakte aufnehmen, was sollen die denn denken!« Als deutlich wurde, dass der Weg über die Headhunter nichts brachte, rang sich die Jobsucherin zur Power-Mail-Strategie durch. Nach mehr als einem Jahr hatte sie dann tatsächlich eine Position nach ihrem Geschmack. Das hätte auch sehr viel schneller gehen können, wenn sie die richtigen Strategien parallel eingesetzt und verfolgt hätte.

Also: Sie sollten sich nicht nur auf eine Methode verlassen. Wählen Sie Strategien, die Ihnen sympathisch sind und Ihrem Charakter entsprechen, und überlegen Sie, wie Sie diese aktiv umsetzen können. Verfallen Sie aber auch nicht ins andere Extrem, indem Sie sich verzetteln. Bei der Festlegung hilft Ihnen das Anlegen einer Übersicht, etwa in Tabellenform. Diese kann so aussehen, dass Sie zunächst in den Zeilen Ihre (maximalen) Strategien festlegen und auch, mit welcher Priorität (von 1 bis 3) Sie diese verfolgen. 1 bedeutet, dass Sie sich sofort daranmachen wollen, die Strategie umzusetzen, 2, dass Sie es sich bald vornehmen, und 3 schiebt die Umsetzung auf die längere (aber nie lange) Bank. Setzen Sie sich selbst immer auch Termine, bis wann Sie was geschafft haben wollen. Diese Termine können Sie in einer Spalte »Die nächsten Schritte zur Umsetzung« notieren. Unterscheiden Sie kurzfristig und langfristig wirkende Strategien – sorgen Sie für einen optimalen Mix.

Nie auf nur ein Pferd setzen bedeutet auch: auf allen Ebenen suchen und Ausschau halten. Sie sollten also auch den offenen Stellenmarkt weiter beobachten. Möglich, dass Sie dort eine Anzeige entdecken, die Ihre Traumstelle schlechthin beschreibt. Möglich, dass Sie mit Ihrer Bewerbung dort erfolgreich sind. Sie sollten es auf jeden Fall probieren. Denn: Bewerben ohne Bewerbung ist kein Dogma! Entscheiden Sie, was in der individuellen Situation für Sie das Beste ist. Und es gibt nach wie vor Bewerbungssituationen, die das Einsenden klassischer Unterlagen erfordern.

Wie lange dauert es, bis …?

He, haben Sie Geduld! Je mehr Sie sich verändern, desto länger braucht es. Sehen Sie diese Veränderung als ein Projekt – und managen Sie es auch so. Es ist sehr hilfreich, sich dazu eine Tabelle anzulegen und jeden Schritt zu dokumentieren.

Sie brauchen Zeit: Erst einmal müssen Sie sich orientieren, dann recherchieren. Schließlich entwerfen Sie eine Strategie, und dann setzen Sie diese auch noch um. Sie werden Gespräche führen, Sie werden warten. Vielleicht erhalten Sie Absagen, vielleicht werden Sie vertröstet.

Vor kurzem bekam ich eine E-Mail von einem Rechtsanwalt, der auf keinen Fall mehr Anwalt sein, sondern sich auf das Schreiben verlegen wollte. Sein Projekt hat zwei Jahre gedauert. Aber all das, was wir am Anfang ausgearbeitet haben, hat er konsequent umgesetzt.

Diese Konsequenz ist nötig. Die Erfolgreichen sind stets die Hartnäckigen; die, die am Ball bleiben, etwas wirklich wollen und sich nicht vom ihrem Ziel abbringen lassen. Phasen der Demotivation und geringerer Aktivität, die zeitweisen Rückzüge in das »Privatleben« und notwendige Neuaufstellungen gehören für mich dazu.

Ich erlebe immer wieder, dass Kunden den Kopf in den Sand stecken. Manchmal ist das auch nötig und sinnvoll, weil alles so mühsam scheint. Besonders Frauen haben hier oft Schwierigkeiten, es hapert am Selbstbewusstsein. Ich kann nur dazu ermuntern, sich Auszeiten zu gönnen, aber dann weiterzumachen. Ein Sparringspartner, etwa ein Coach, kann hier sehr weiterhelfen. Und er kann Dinge ins rechte Licht rücken, wenn Ihre Umgebung den Finger hebt und Sie mahnt, doch endlich zur Vernunft zu kommen und sich »normal« zu bewerben.

Manchmal hindert uns die Vermeidungsstrategie: Wenn ich etwas nicht tue, kann auch nichts schiefgehen. Seien Sie mutig, bereit, sich einzulassen, nehmen Sie auch Rückschläge in Kauf. Ich garantiere Ihnen, dass Sie es mit dieser Haltung schaffen werden. In einem Jahr sind Höhen und Tiefen integriert, die in Bewerbungsphasen ganz normal sind. Je weniger sich Ihr aktueller Berufswunsch in Ihr bisheriges Leben fügt, desto mehr Geduld müssen Sie in der Regel haben. Arbeiten Sie an sich und holen Sie sich professionelle Hilfe, wenn Sie den Antrieb aus sich selbst heraus nicht entwickeln können. Das Feedback von außen kann Ihnen neue Einblicke geben, Sicherheit und kompetente Unterstützung.

Ich wünsche Ihnen alles Gute und viel Erfolg bei Ihrer Guerilla-Strategie!

Ihre *Svenja Hofert*

Zum Weiterlesen

Weitere Ideen und Anregungen, wie Sie sich ohne Bewerbung erfolgreich bewerben, finden Sie auch in meinen anderen Büchern.

- *Praxisbuch Existenzgründung. Erfolgreich selbständig werden und bleiben*, 4. Auflage, Gabal 2012
- *Das Slow-Grow-Prinzip. Lieber langsam wachsen als schnell untergehen*, Gabal 2011
- *Praxisbuch für Freiberufler*, 3. Auflage, Gabal 2012
- *Am besten wirst du Arzt. So unterstützen Sie Ihr Kind wirklich bei der Berufswahl*, Campus 2012
- *Erfolgreich in der Arbeitswelt der Zukunft. Das Karrieremacherbuch*, KEXPA Ebooks inspired by Svenja Hofert, erscheint 2012

Lesen Sie auch meinen Blog unter www.svenja-hofert.de.
Außerdem empfehle ich Ihnen die Seite www.karriereexperten.com, um kompetente Berater in Ihrer Nähe zu finden, sowie natürlich mein eigenes Unternehmen mit Beratung für den nächsten Schritt: www.karriereundentwicklung.de.